高等职业教育创新规划教材

电路基础

王丽卿　主　编
姜少燕　周　荃　副主编

DIANLU
JICHU

化学工业出版社
·北京·

内容简介

本书根据教育部制定的高等职业院校电路基础课程纲要以及现代企业对电类专业技能型人才的培养要求编写而成，主要内容包括电路的基本概念和基本定律、直流电路的分析方法、正弦交流电路、三相交流电路、线性动态电路分析、磁路和变压器等。本书配有例题、思考题、本章总结和习题，方便老师授课和读者自学。

本书是高等职业院校电路基础课程教学用书，也可作为电子电气技术人员的培训教材和学习参考资料。

图书在版编目（CIP）数据

电路基础/王丽卿主编． —北京：化学工业出版社，2021.9（2024.2重印）

高等职业教育创新规划教材

ISBN 978-7-122-39342-5

Ⅰ．①电⋯ Ⅱ．①王⋯ Ⅲ．①电路理论-高等职业教育-教材 Ⅳ．①TM13

中国版本图书馆 CIP 数据核字（2021）第 116155 号

责任编辑：潘新文
责任校对：边　涛　　　　　　　　　　装帧设计：王晓宇

出版发行：化学工业出版社（北京市东城区青年湖南街 13 号　邮政编码 100011）
印　　装：北京天宇星印刷厂
787mm×1092mm　1/16　印张 8½　字数 205 千字　2024 年 2 月北京第 1 版第 2 次印刷

购书咨询：010-64518888　　　　　　　售后服务：010-64518899
网　　址：http://www.cip.com.cn
凡购买本书，如有缺损质量问题，本社销售中心负责调换。

定　价：39.80 元　　　　　　　　　　　　　　　　　版权所有　违者必究

前言

本书是根据教育部制定的高等职业院校电路基础课程纲要以及现代企业对电类专业技能型人才的培养要求编写的，在结构、内容安排等方面吸收了编者多年来在教学改革、教材建设等方面取得的经验，力求全面体现高等职业教育的特点，满足当前教学的需要。编写时注意联系实际应用讲述电路基本原理，突出实用性，强调技能性，体现职业性，强化对学生工程技术应用能力的培养。

本书主要特点如下。

1. 本书借鉴国内外先进的职业教育教学经验和理念，在强化培养学生专业能力的同时，重视培养学生的创造能力、应用能力和职业综合能力。

2. 本书重视基本概念、基本定律、基本分析方法的应用，淡化理论推导和复杂的数学分析；教学思路清晰，内容层次清楚，循序渐进，重点、难点处理得当；全书精心设计了例题、思考题和习题，精讲多练，重视解决问题能力的培养。

3. 教学内容的深度、广度适应高职教育层次，内容组织安排适应教学改革的需要，并遵循职业教育规律和高端技能型人才成长规律。

4. 体现时代特征，注意引入电子、电气技术领域相关的新知识、新技术、新材料、新器件，优化学生的知识结构，有利于培养学生创新精神。

5. 本书参考学时数为 60~80 学时，各校、各专业可根据实际情况制定教学方案。

本书共 6 章。第 1 章主要讲述电路基本物理量、电路元件、基尔霍夫定律；第 2 章主要讲述电路的等效变换、支路电流法、叠加定理、戴维南定理；第 3 章主要讲述正弦量的三要素、相量表示法、单一参数的正弦交流电路、正弦交流电路的分析、正弦交流电路的功率；第 4 章主要讲述三相交流电路；第 5 章主要讲述换路定律、一阶电路的响应与三要素法；第 6 章讲述磁路和变压器。

本书由王丽卿担任主编，姜少燕、周荃担任副主编。王丽卿、侯绪杰编写了第 1 章，黄绍丽编写了第 2 章，李金红、赵东萍编写了第 3 章，王振霞编写了第 4 章，姜少燕、周荃编写了第 5 章，刘建红编写了第 6 章。全书由王丽卿统稿。

由于编者水平有限，不足之处在所难免，敬请读者批评指正。

编者
2021 年 5 月

目录

第1章 电路基本概念和基本定律 —————————————— 1

- 1.1 电路模型 ················· 1
  - 1.1.1 电路 ················· 1
  - 1.1.2 电路模型 ············· 1
- 1.2 电路的基本物理量 ········· 2
  - 1.2.1 电流 ················· 2
  - 1.2.2 电压和电位 ··········· 3
  - 1.2.3 功率和电能 ··········· 4
- 1.3 电路元件 ················· 5
  - 1.3.1 电阻元件 ············· 5
  - 1.3.2 电感元件 ············· 6
  - 1.3.3 电容元件 ············· 7
  - 1.3.4 电压源 ··············· 7
  - 1.3.5 电流源 ··············· 8
- 1.4 基尔霍夫定律 ············· 9
  - 1.4.1 有关名词 ············· 9
  - 1.4.2 基尔霍夫第一定律（KCL）···· 10
  - 1.4.3 基尔霍夫第二定律（KVL）···· 10
- 本章小结 ····················· 12
- 实验1 基本电工仪表的使用及测量误差的计算 ············· 12
- 实验2 减小仪表测量误差的方法 ··· 15
- 实验3 仪表量程扩展实验 ········· 19
- 实验4 电路元件伏安特性的测绘 ··· 21
- 实验5 基尔霍夫定律的验证 ······· 25
- 习题 ························· 26

第2章 直流电路的分析方法 —————————————— 31

- 2.1 电路的等效变换 ··········· 31
  - 2.1.1 电阻的等效变换 ······· 31
  - 2.1.2 实际电源两种模型的等效变换 ··· 33
- 2.2 支路电流法 ··············· 33
- 2.3 叠加定理 ················· 35
- 2.4 戴维南定理 ··············· 36
- 本章小结 ····················· 37
- 实验6 叠加原理的验证 ··········· 38
- 实验7 电压源与电流源的等效变换 ··· 40
- 实验8 戴维南定理的验证 ········· 42
- 习题 ························· 45

第 3 章　正弦交流电路 —— 50

- 3.1 正弦量的三要素 …………………… 50
  - 3.1.1 频率与周期 …………………… 51
  - 3.1.2 振幅和有效值 ………………… 51
  - 3.1.3 相位、初相、相位差 ………… 52
- 3.2 正弦量的相量表示法 ……………… 52
  - 3.2.1 复数及其运算 ………………… 53
  - 3.2.2 相量 …………………………… 54
- 3.3 单一参数的正弦交流电路 ………… 55
  - 3.3.1 纯电阻电路 …………………… 55
  - 3.3.2 纯电感电路 …………………… 56
  - 3.3.3 纯电容电路 …………………… 57
- 3.4 正弦交流电路分析 ………………… 58
  - 3.4.1 基尔霍夫定律的相量形式 …… 58
- 3.4.2 阻抗 …………………………… 58
- 3.4.3 谐振电路 ……………………… 60
- 3.5 正弦交流电路的功率 ……………… 61
  - 3.5.1 有功功率 ……………………… 61
  - 3.5.2 无功功率 ……………………… 62
  - 3.5.3 视在功率 ……………………… 62
- 本章小结 …………………………………… 63
- 实验 9　用三表法测量电路等效参数 …… 64
- 实验 10　正弦稳态交流电路相量的研究 ……………………………… 66
- 实验 11　楼梯白炽灯控制电路 ………… 69
- 实验 12　单相电度表安装电路 ………… 72
- 习题 ………………………………………… 73

第 4 章　三相交流电路 —— 78

- 4.1 三相交流电源 ……………………… 78
  - 4.1.1 三相对称电压 ………………… 78
  - 4.1.2 三相电源的星形连接 ………… 79
  - 4.1.3 三相电源的三角形连接 ……… 80
- 4.2 三相负载 …………………………… 80
  - 4.2.1 三相负载的星形连接 ………… 80
  - 4.2.2 三相负载的三角形连接 ……… 82
- 4.3 三相电路的功率 …………………… 83
- 本章小结 …………………………………… 84
- 实验 13　三相交流电路电压、电流的测量 ……………………………… 84
- 实验 14　功率因数及相序的测量 ……… 87
- 习题 ………………………………………… 89

第 5 章　线性动态电路分析 —— 91

- 5.1 换路定律 …………………………… 91
  - 5.1.1 电路动态过程的产生 ………… 91
  - 5.1.2 换路定律 ……………………… 91
  - 5.1.3 电压、电流初始值的计算 …… 92
- 5.2 RC 电路的过渡过程 ……………… 92
  - 5.2.1 RC 电路的零输入响应 ……… 93
  - 5.2.2 RC 电路的零状态响应 ……… 94
- 5.3 RL 电路的过渡过程 ……………… 95
  - 5.3.1 RL 电路的零输入响应 ……… 95
  - 5.3.2 RL 电路的零状态响应 ……… 96
- 5.4 一阶电路过渡过程的三要素法 …… 97
- 本章小结 …………………………………… 99
- 习题 ………………………………………… 100

第6章 磁路和变压器 — 102

- 6.1 电磁感应基础 …………… 102
  - 6.1.1 基本定义 …………… 103
  - 6.1.2 自感 …………… 105
  - 6.1.3 磁路与电路的对比 …… 105
- 6.2 变压器的用途与结构 …… 106
  - 6.2.1 变压器的基本结构 …… 106
  - 6.2.2 工作原理 …………… 106
  - 6.2.3 变压器的使用 ………… 109
  - 6.2.4 单相变压器的同名端及其判断 …………… 110
  - 6.2.5 三相变压器 …………… 110
- 6.3 特殊变压器 …………… 111
  - 6.3.1 自耦变压器 …………… 111
  - 6.3.2 仪用互感器 …………… 111
- 本章小结 …………… 113
- 实验15 单相铁芯变压器特性的测试 … 114
- 实验16 变压器的连接与测试 ……… 116
- 习题 …………… 118

习题答案（部分） — 121

附录 电阻器的标称值及精度色环标志法 — 126

参考文献 — 128

第1章
电路基本概念和基本定律

学习目标

① 了解电路的作用与组成部分;理解电路元件、电路模型的意义;理解电压、电流参考方向的概念;掌握电路中电位的计算;会判断电源和负载;理解三种元件的伏安关系。
② 掌握基尔霍夫定律,会用基尔霍夫定律求解简单电路。
③ 理解电压源、电流源概念,了解电压源、电流源的连接方法。

1.1 电路模型

1.1.1 电路

电路是为实现和完成人们的某种需求,由电源、导线、开关、负载等电气设备或元器件组合起来,能使电流流通的整体,简单地说,就是电流的通路。电路能实现电能的传输、分配和转换,能实现信号的传递和处理,如电炉在电流通过时将电能转换成热能,电视机可将接收到的信号经过处理,转换成图像和声音。

1.1.2 电路模型

1. 实际电路

如图1.1所示,实际电路一般由电源、负载和中间环节三部分组成。电源将其他形式的能量(如机械能、化学能等)转换为电能,负载将电源提供的电能转换为其他形式的能量(如热能、机械能等),中间环节(如开关、导线、熔断器等)起到控制、连接、保护等作用。

2. 电路模型

在电路的分析计算中，用一个假定的二端元件（如图 1.2 所示）来代替实际元件，二端元件的电和磁的性质反映了实际电路元件的电和磁的性质，称这个假定的二端元件为理想电路元件。

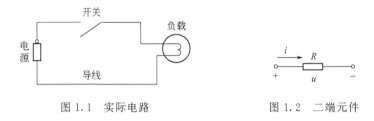

图 1.1 实际电路　　　　图 1.2 二端元件

由理想电路元件组成的电路称为理想电路模型，简称电路模型，如图 1.3 所示。图中假定实际电源的内阻忽略不计。

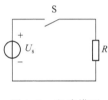

图 1.3 电路模型

1.2 电路的基本物理量

1.2.1 电流

1. 电流的大小

在电场力的作用下，带电粒子有规则的定向移动形成了电流。把在单位时间内流过导体截面的电荷定义为电流强度，简称为电流。设在 dt 时间内通过导体截面的电荷为 dq，则电流表示为

$$i = \frac{dq}{dt} \tag{1-1}$$

在国际单位制中，在 1 秒（s）时间内通过导体横截面的电荷量为 1 库仑（C）时，电流为 1 安培（A）。电流强度常用的辅助单位还有毫安（mA）、微安（μA）等。

2. 电流的方向

（1）电流的实际方向

规定正电荷的移动方向为电流的实际方向。电流的方向可用箭头表示，如图 1.4 所示。

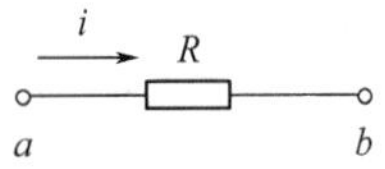

（2）电流的参考方向

图 1.4 电流的方向

在电路的分析计算中，流过某一段电路或某一元件电流的实际

方向往往不容易判断,这时可以任意假定一个方向为电流的参考方向,当参考方向与实际方向一致时取正,相反时取负。

图 1.5(a) 中电流的实际方向与参考方向一致,$i>0$。图 1.5(b) 中电流的实际方向与参考方向相反,$i<0$。

选取参考方向后,电流 i 是代数量,绝对值表示电流的大小,所带符号表示电流的方向。

大小和方向都不随时间变化的电流称为恒定电流,简称直流,通常用大写字母 I 表示。随时间变化的电流用小写字母 i 表示。

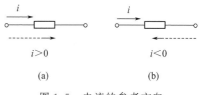

图 1.5 电流的参考方向

1.2.2 电压和电位

1. 电压的大小

一般用电压来反应电场力做功的本领。电场力把单位正电荷从电场中的 a 点移到 b 点(如图 1.6 所示)所做的功称为 a、b 间的电压,用 $u_{ab}(U_{ab})$ 表示。

设正电荷 $\mathrm{d}q$ 从 a 点移至 b 点电场力所做的功为 $\mathrm{d}W$,则 a、b 间电压为

$$u_{ab}=\frac{\mathrm{d}W}{\mathrm{d}q} \tag{1-2}$$

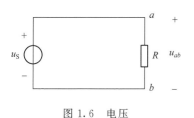

图 1.6 电压

在国际单位制中,当电场力把 1 库仑(C)的正电荷从一点移到另一点所做的功为 1 焦耳(J)时,这两点间的电压为 1 伏特(V)。

2. 电压的方向

(1) 电压的实际方向

习惯上把电位降低的方向作为电压的实际方向。电压的方向可用+、-号表示,也可用箭头表示,或用双下标字母表示。例如,若 $u_{ab}>0$,则表示正电荷从 a 点通过这段电路移至 b 点时电场力做功,即这段电路是吸收电能的。

(2) 电压的参考方向

任意假定一个方向为电压的参考方向,当参考方向与实际方向一致,时取正,相反时取负。在图 1.7(a) 中,电压参考方向与实际方向一致,取正,$u>0$。在图 1.7(b) 中,电压参考方向与实际方向相反,取负,$u<0$。

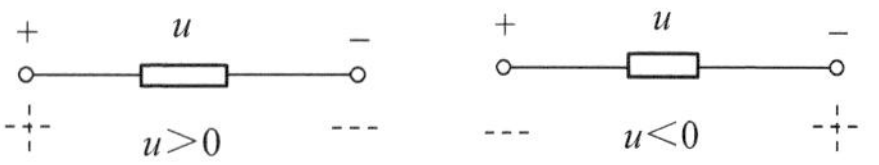

图 1.7 电压的参考方向

选取参考方向后,电压 u 是代数量,绝对值表示电压的大小,所带符号表示电压的方向。

3. 关联参考方向

当电流的参考方向与电压参考方向选取一致时,称为关联参考方向,如图 1.8 所示,否则为非关联参考方向。

4. 电位

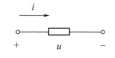

图 1.8 关联参考方向

有时把电路中任一点 A 与参考点 O(规定电位能为零的点)

之间的电压称为该点的电位，用 V_A 表示。电位的单位与电压相同，为伏特（V），即

$$V_A = U_{AO} \tag{1-3}$$

电路中两点间的电压也可用两点间的电位差来表示，即

$$u_{ab} = U_a - U_b \tag{1-4}$$

电路中某点的电位随参考点选择的不同而变化，但任意两点间的电压是不变的。

1.2.3 功率和电能

1. 功率

（1）定义

电能量对时间的变化率称为功率，也就是电场力在单位时间内所做的功。设电场力在 dt 时间内所做功为 dW，则功率为

$$P = \frac{dW}{dt} = \frac{u\,dq}{dt} = ui \tag{1-5}$$

在国际单位制中，功率的单位是瓦特（W）。

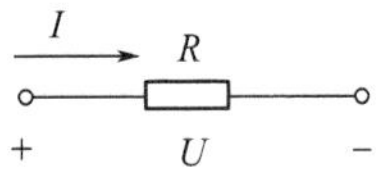

在图 1.9 中，电阻两端的电压是 U，流过的电流是 I，电压与电流是关联参考方向，则电阻吸收的功率为

$$P = UI$$

图 1.9 电阻元件的功率

（2）功率正负的意义

元件两端电压和流过的电流在关联参考方向下时（如图 1.9 所示），$P=UI>0$，元件吸收功率；$P=UI<0$，元件发出功率。如果元件两端的电压和流过的电流在非关联参考方向下时，$P=UI>0$，元件发出功率；$P=UI<0$，元件吸收功率。

对任一电路元件，当流经元件的电流实际方向与元件两端电压的实际方向一致时，元件吸收功率；电流与电压实际方向相反时，元件发出功率。

2. 电能

元件在 $0 \sim t$ 时间内所消耗的电能为

$$W = \int_0^t P\,dt = \int_0^t ui\,dt$$

对于直流电路中的电阻元件，$W = Pt = UIt$

在国际单位制中，电能的单位是焦耳（J）。平时所说消耗 1 度电是指功率为 1kW 的用电设备工作 1 小时消耗的电能，即 1 千瓦时（kW·h）。

例 1.1 试判断图 1.10 中元件是发出功率还是吸收功率。

解：

在图 1.10(a) 中，电压、电流是关联参考方向，且 $P=UI=10\text{W}>0$，元件吸收 10W 的功率。

在图 1.10(b) 中，电压、电流是关联参考方向，且 $P=UI=-10\text{W}<0$，元件发出 10W 的功率。

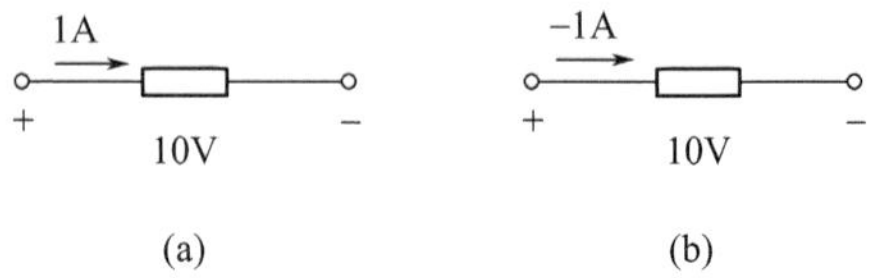

图 1.10 例 1.1 图

1.3 电路元件

1.3.1 电阻元件

1. 电阻元件的定义

(1) 电阻

电阻元件一般是实际电路中的耗能元件,如电炉、照明器具等,图形符号如图1.11所示,用字母 R 表示。

在关联参考方向下,当 $R=\dfrac{u}{i}$ 为常数时,则 R 称为线性电阻。线性电阻的伏安特性如图1.12所示。当电阻两端的电压与流过的电流不成正比关系时,伏安特性曲线如图1.13所示,电阻不是一个常数,随电压电流变动,称为非线性电阻。本书所讲的电阻,如果不加说明,都是线性电阻。

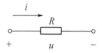

图1.11 电阻元件

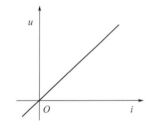

图1.12 线性电阻的伏安特性

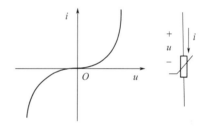

图1.13 非线性电阻及伏安特性曲线

在国际单位制中,当电阻两端的电压为1伏特(V),流过电阻的电流为1安培(A)时,电阻为1欧姆(Ω)。电阻的大小反映物质对电流的阻碍作用。

(2) 电导

电阻的倒数称为电导,用字母 G 表示。

$$G=\dfrac{1}{R}$$

在国际单位制中,电导的单位是西门子(S)。电导的大小反映物质的导电能力。

2. 电压电流关系

当电阻两端的电压与流过的电流取关联参考方向时,根据欧姆定律,电压与电流成正比,有如下关系

$$u=Ri \tag{1-6}$$

当电阻两端的电压与流过的电流取非关联参考方向时,根据欧姆定律,电压与电流有如下关系

$$u=-Ri$$

3. 电阻元件的功率

把式(1-6)两边乘以 i,得到

$$p = ui = Ri^2 = \frac{u^2}{R} = Gu^2 \geqslant 0$$

由上式可知，只要有电流通过，电阻总是消耗能量的，为耗能元件。

1.3.2 电感元件

1. 电感元件的定义

图 1.14 是实际的线圈，假定绕制线圈的导线无电阻，线圈有 N 匝，线圈通以电流 i，在线圈内部产生磁通 Φ_L，若磁通 Φ_L 与线圈 N 匝都交链，则磁通链

$$\Psi_L = N\Phi_L$$

在电路中一般用图 1.15 表示实际线圈，并用字母 L 表示，称为电感元件，能够储存磁场能量。Φ_L 和 Ψ_L 是线圈本身电流产生的，称为自感磁通和自感磁通链。

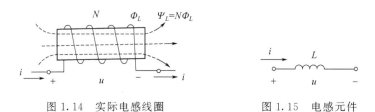

图 1.14　实际电感线圈　　　图 1.15　电感元件

当磁通 Φ_L 和磁通链 Ψ_L 的参考方向与电流 i 参考方向之间满足右手螺旋定则时，有式

$$\Psi_L = Li \tag{1-7}$$

式(1-7) 中 L 称为线圈的自感或电感。

在国际单位制中，磁通和磁通链的单位是 Wb（韦伯），自感的单位是 H（亨利）。

当 $L = \dfrac{\Psi_L}{i}$ 是正常数时，称为线性电感，其韦安特性曲线如图 1.16 所示，是通过原点的一条直线。

2. 电感元件的电压电流关系

当电感元件两端电压和通过的电流在关联参考方向下，根据楞次定律，有

$$u = \frac{d\Psi}{dt}$$

把 $\Psi_L = Li$ 代入上式，得

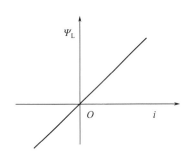

图 1.16　线性电感的韦安特性曲线

$$u = L\frac{di}{dt} \tag{1-8}$$

从式(1-8) 可以看出，任何时刻，线性电感元件的电压与该时刻的电流的变化率成正比。当电流不随时间变化时（直流电流），则电感电压为零，这时电感元件相当于短接。

3. 电感元件吸收的电能

电感元件两端电压和通过电感元件的电流在关联参考方向下时，从 0 到 τ 的时间内电感元件所吸收的电能为

$$W_L = \int_0^\tau p\,dt = \int_0^\tau ui\,dt = L\int_0^\tau i\frac{di}{dt}dt = L\int_{i(0)}^{i(\tau)} i\,di$$

电感元件将吸收的电能转换为磁场能储存。假定 $i(0)=0$，则

$$W_L = \frac{1}{2}Li^2(\tau)$$

从上式可知，当 L 一定时，电感元件储存的磁场能 W_L 随着电流的增加而增加。

1.3.3 电容元件

1. 电容元件的定义

电容元件能够储存电场能量。如图 1.17 所示，当电容元件上的电流的参考方向由正极板指向负极板，即与电压为关联参考方向时，则正极板上的电荷 q 与其两端电压 u 有以下关系：

$$q = Cu$$

$$C = \frac{q}{u}$$

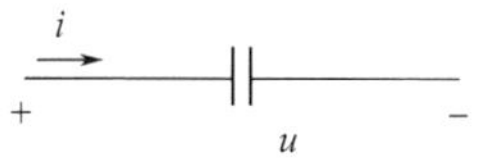

图 1.17 电容元件关联参考方向

C 称为该元件的电容。当 C 是正实常数时，电容为线性电容。

在国际单位制中，电容的单位用 F（法拉）表示。当电容两端的电压是 1V，极板上电荷为 1C 时，电容是 1F。常用的辅助单位还有 μF（微法）、pF（皮法）等。

2. 电容元件的电压电流关系

当电容两端的电压 u 与流过的电流 i 为关联参考方向时，有

$$i = \frac{dq}{dt} = C\frac{du}{dt} \tag{1-9}$$

由上式可知，当电容 C 一定时，电流 i 与电容两端电压 u 的变化率成正比，当电压为直流时，电流为零，电容相当于开路。

3. 电容元件吸收的电能

电容元件两端的电压 u 与通过的电流 i 在关联参考方向下，从 0 到 τ 的时间内，电容所吸收的电能为

$$W_C = \int_0^\tau p\,dt = \int_0^\tau ui\,dt = C\int_0^\tau u\frac{du}{dt}dt = C\int_{u(0)}^{u(\tau)} u\,du$$

电容元件将吸收的电能转换为电场能储存。假定 $u(0)=0$，则

$$W_C = \frac{1}{2}Cu^2(\tau)$$

由上式可知，当 C 一定时，电容元件储存的电场能 W_C 随电压的增加而增加。

1.3.4 电压源

为了维持电路中的电流，电路中必须有能够提供电能的独立电源。独立电源一般分为电压源和电流源。

1. 理想电压源

理想电压源如图 1.18 所示。电压源两端的电压 $u_s(t)$ 为确定的时间函数，与流过的电流无关。当 u_s 不随时间变化时，为直流电压源，即 $u_s(t)=U$。直流电压源的伏安特性如图 1.19 所示。

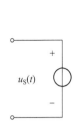
图 1.18　理想电压源

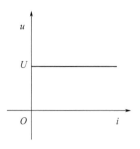
图 1.19　直流电压源的伏安特性

在图 1.20 中看出，电压源两端电压不随外电路的改变而改变。

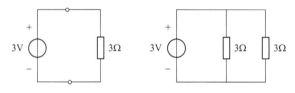

图 1.20　理想电压源电路

理想电压源有以下两个特点：
① 电压源的端电压是恒定的值或确定的时间函数，与流过它的电流无关。
② 流过电压源的电流取决于它所连接的外电路，电流的大小和方向都由外电路决定。

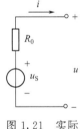

图 1.21　实际电压源

当电流流过电压源时是从低电位流向高电位，则电压源向外提供电能。当电流流过电压源时是从高电位流向低电位，则电压源吸收电能，如电池充电的情况。

2. 实际电压源

实际电压源的路端电压 u 是随输出电流 i 的增加而减小的，用理想电压源 U_S 与内阻 R_0 串联的电路模型来表示，见图 1.21。实际电压源的电压电流关系为

$$u = U_S - R_0 i$$

1.3.5　电流源

1. 理想电流源

理想电流源如图 1.22 所示，电流 $i_S(t)$ 是确定的时间函数，与其两端的电压无关。当 $i_S(t)$ 不随时间变化时，为直流电流源，即 $i_S(t) = I$，其伏安关系如图 1.23 所示。

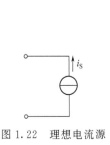

图 1.22　理想电流源　　　　图 1.23　理想电流源的伏安关系

从图 1.24 中看出电流源输出的电流不随外电路的改变而改变。

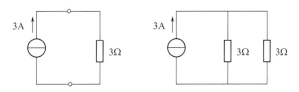

图 1.24 理想电流源电路

理想电流源具有如下两个特点：
① 电流源输出的电流是恒定的值或确定的时间函数，与其两端的电压无关。
② 电流源两端的电压取决于它所连接的外电路，电压的大小和极性都由外电路决定。
若电流源的电压和电流取非关联参考方向，如果 $P>0$，则表示电流源输出功率；$P<0$，则表示电流源吸收功率。

2. 实际电流源

实际电流源的输出电流 i 是随路端电压 u 的增加而减小的，用理想电流源 I_S 与内阻 R_0 并联的电路模型来表示，见图 1.25。

实际电流源的电压电流关系为

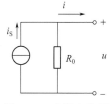

图 1.25 实际电流源

$$i = I_S - \frac{u}{R_0}$$

例 1.2 求图 1.26 电路中电压源和电流源的功率。

解： 对于 4A 的电流源，电压的实际方向向下，电流的实际方向向上，电压与电流的实际方向相反，因此电流源发出功率。$10 \times 4 = 40$W，电流源发出 40W 的功率。

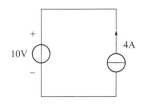

图 1.26 例 1.2 电路

对于 10V 的电压源，电压实际方向向下，电流实际方向向下，电压与电流的实际方向相同，因此电压源吸收功率。$10 \times 4 = 40$W，电压源吸收 40W 的功率。

1.4 基尔霍夫定律

1.4.1 有关名词

节点：电路中三条或三条以上导线的连接点称为节点，如在图 1.27 所示复杂电路中，有两个节点 a、b。

支路：任意两个节点之间的一段电路称为支路。图 1.27 所示电路中有三条支路，其中两条含电源的支路称为有源支路，不含电源的支路称为无源支路。同一条支路中，各个元件流过的电流相等。

回路：电路中任一闭合路径称为回路，不含交叉支路的回路称为网孔，在图 1.27 电路中，回路有三个，网孔只有两个。

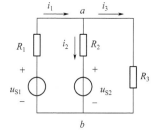

图 1.27 复杂电路

1.4.2 基尔霍夫第一定律（KCL）

基尔霍夫第一定律又称为电流定律（Kirchhoff Current Law），反映电路中与任一节点相关联的所有支路电流之间的约束关系。定律内容为：任一时刻，电路中任一节点所有支路电流的代数和等于零。即对电路中的任一节点，在任一时刻，流入该节点的电流之和等于流出该节点的电流之和，即

$$\sum i = 0 \quad \text{或} \quad \sum i_\text{入} = \sum i_\text{出}$$

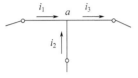

图 1.28 基尔霍夫电流定律

KCL 实际上是电流连续性原理在电路节点上的体现，也是电荷守恒定律在电路中的体现。也就是说，到达任何节点的电荷既不可能增加，也不可能消失。

在图 1.28 电路中，假定流入 a 节点电流为正，则流出 a 节点电流为负，有

$$i_1 + i_2 - i_3 = 0$$

或 $\quad i_1 + i_2 = i_3$

例如在图 1.27 电路中，对节点 a，有 $\quad i_1 = i_2 + i_3$

对节点 b，有 $\quad i_2 + i_3 = i_1$

可见，对两个节点 a 和 b 所列电流方程完全相同，故只对其中一个节点列电流方程，此节点称为独立节点。当电路中有 n 个节点时，$(n-1)$ 个节点是独立的。

KCL 不仅适用于电路中的任一节点，而且适用于包围电路任一部分的封闭面。在图 1.29 电路中

对节点 a $\quad i_1 + i_{ca} - i_{ab} = 0$

对节点 b $\quad i_2 + i_{ab} - i_{bc} = 0$

对节点 c $\quad i_3 + i_{bc} - i_{ca} = 0$

把以上 3 个方程相加，得 $\quad i_1 + i_2 + i_3 = 0$

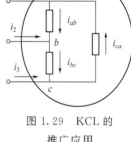

图 1.29 KCL 的推广应用

对电路中任一封闭面，电流的代数和为零，即流入闭合面的电流等于流出闭合面的电流。

例 1.3 求图 1.30 所示电路中电压源和电流源的功率。

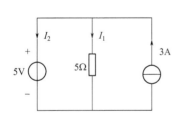

图 1.30 例 1.3 电路

解：对于 3A 电流源，其两端的电压为 5V，实际方向向下，与 3A 电流的方向相反，因此电流源发出 15W 的功率。

对于 5V 电压源，设其流过的电流为 I_2，方向如图所示。

5Ω 电阻上的电流：$I_1 = \dfrac{5}{5} = 1\text{A}$。

由 KCL，$I_1 + I_2 = 3$，得 $I_2 = 2\text{A}$。

所以，5V 电压源吸收 10W 的功率。

1.4.3 基尔霍夫第二定律（KVL）

基尔霍夫第二定律又称为电压定律（Kirchhoff Voltage Law），它反映电路中组成任一回路的所有支路的电压之间的相互约束关系。表述为：任何时刻，沿任一闭合回路绕行一

周，所有元件上电压的代数和恒等于零，即
$$\sum U = 0$$
当元件上的电压参考方向与绕行方向一致时取正，相反时取负。

在图 1.31 电路中，假定沿顺时针方向绕行，可得回路电压方程：
$$U_{R1} + U_{R2} + U_{R3} + U_{S2} - U_{S1} = 0$$
将欧姆定律公式代入，有
$$R_1 i + R_2 i + R_3 i + u_{S2} - u_{S1} = 0$$
由上式可知，当绕行电阻元件时，可比较电阻上电流的参考方向与绕行方向，一致时取正，否则取负。

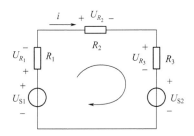

图 1.31 基尔霍夫电压定律

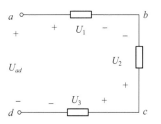

图 1.32 KVL 的推广应用

KVL 不仅适用于闭合回路，而且还可以推广到任意未闭合的回路，但在列电压方程时，必须将开口处的电压也列入方程。如图 1.32 所示，由于 ad 处开路，$abcda$ 不构成闭合回路。如果加入开路电压 U_{ad}，则可形成"闭合"回路。此时，沿回路 $abcda$ 绕行一周，列出回路电压方程为
$$U_1 - U_2 + U_3 - U_{ad} = 0$$
整理得
$$U_{ad} = U_1 - U_2 + U_3$$
由上式可知，电路中任意两点 a、b 间的电压 U_{ab} 等于从 a 沿任一回路绕行到 b 各段电路电压的代数和。有了 KVL 这个推论，就可以很方便地求解电路中任意两点间的电压。

例 1.4 求图 1.33(a) 所示电路的开路电压 U_{ab}。

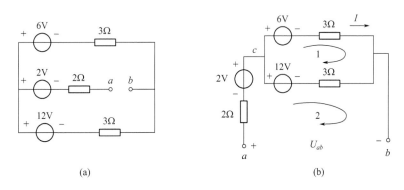

图 1.33 例 1.4 电路

解：先将图 1.33(a) 改画成图 1.33(b)，可知电路中存在闭合回路 1。设回路 1 中电流为 I，方向如图所示，根据 KVL，有
$$3I + 3I - 12 + 6 = 0$$

解得 $I=1\text{A}$

根据KVL，在回路2中，$U_{ab}=0-2+6+3\times1=7(\text{V})$

或 $U_{ab}=0-2+12-3\times1=7(\text{V})$

本章小结

1. 电路的基本物理量有：电流、电压及功率等。在分析电路时，必须首先标出电流、电压的参考方向。当参考方向与实际方向一致时取正号，相反则取负号。

2. 电路的基本元件有：电阻元件、电容元件、电感元件、电压源元件、电流源元件。

电阻是耗能元件，当电压与电流取关联参考方向时，有 $u=Ri$。

电感是储存磁场能量的元件，当电压与电流取关联参考方向时，有 $u=L\dfrac{\text{d}i}{\text{d}t}$。

电容是储存电场能量的元件，当电压与电流取关联参考方向时，有 $i=C\dfrac{\text{d}u}{\text{d}t}$。

理想电压源的电压恒定不变，电流随外电路而变化。

理想电流源的电流恒定不变，电压随外电路而变化。

实际电源的电路模型有两种：理想电压源与电阻串联组成的电压源、理想电流源与电阻并联组成的电流源。

3. 基尔霍夫定律包括基尔霍夫电流定律（KCL）及基尔霍夫电压定律（KVL）。

KCL：对任一节点有 $\sum i=0$，还可以推广应用于任一封闭面。

KVL：对任一回路有 $\sum u=0$，还可以推广应用于未闭合回路。

实验1 基本电工仪表的使用及测量误差的计算

1. 实验目的

① 熟悉实验台上各类电源及各类测量仪表的布局和使用方法。

② 掌握指针式电压表、电流表内阻的测量方法。

③ 熟悉电工仪表测量误差的计算方法。

2. 实验原理

为了准确地测量电路中实际的电压和电流，必须保证仪表接入电路后不会改变被测电路的工作状态，这就要求电压表的内阻为无穷大，电流表的内阻为零，而实际使用的指针式电工仪表都不能满足上述要求。因此，当测量仪表一旦接入电路，就会改变电路原有的工作状态，这就导致仪表的读数值与电路原有的实际值之间出现误差，误差的大小与仪表本身内阻的大小密切相关。只要测出仪表的内阻，即可计算出由其产生的测量误差。以下介绍几种测量指针式仪表内阻的方法。

（1）用分流法测量电流表的内阻

如图1.34所示。A为内阻为 R_A 的直流电流表。测量时先断开开关S，调节电流源的输出电流 I 使A表指针满偏转。然后合上开关S，并保持 I 值不变，调节电阻箱 R_B 的阻值，使电流表的指针指在1/2满偏转位置，此时有

$$I_A = I_S = 1/2$$

$$\therefore R_A = R_B // R_1$$

R_1 为固定电阻器之值，R_B 可由电阻箱的刻度盘上读得。

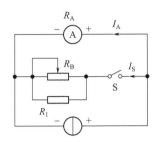

图 1.34　分流法测量电流表内阻

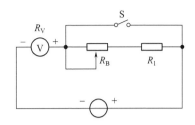

图 1.35　分压法测量电压表内阻

（2）用分压法测量电压表的内阻

如图 1.35 所示。V 为内阻为 R_V 的电压表。测量时先将开关 S 闭合，调节直流稳压电源的输出电压，使电压表 V 的指针为满偏转。然后断开开关 S，调节 R_B 使电压表 V 的指示值减半。此时有：

$$R_V = R_B + R_1$$

（3）仪表内阻引起的测量误差的计算

① 以图 1.36 所示电路为例，R_1 上的电压为

$$U_{R_1} = \frac{R_1}{R_1 + R_2} U$$

若 $R_1 = R_2$，则 $U_{R_1} = \frac{1}{2} U$。

现用一内阻为 R_V 的电压表来测量 U_{R_1} 值，当 R_V 与 R_1 并联后，有

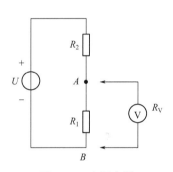

图 1.36　电压表测电阻电压电路

$$R_{AB} = \frac{R_V R_1}{R_V + R_1}$$

则

$$U'_{R_1} = \frac{R_{AB}}{R_{AB} + R_2} U = \frac{\dfrac{R_V R_1}{R_V + R_1}}{\dfrac{R_V R_1}{R_V + R_1} + R_2} U$$

绝对误差 $\Delta U = U'_{R_1} - U_{R_1} = \left(\dfrac{\dfrac{R_V R_1}{R_V + R_1}}{\dfrac{R_V R_1}{R_V + R_1} + R_2} - \dfrac{R_1}{R_1 + R_2} \right) U$

若 $R_1 = R_2 = R_V$，则

绝对误差

$$\Delta U = -\frac{1}{6} U$$

相对误差 $\Delta U\% = \dfrac{U'_{R_1} - U_{R_1}}{U_{R_1}} \times 100\% = \dfrac{-\dfrac{1}{6}U}{\dfrac{1}{2}U} \times 100\% = -33.3\%$

由此可见,当电压表的内阻与被测电路的电阻相近时,测量的误差是非常大的。

② 伏安法测量电阻的原理为:测出流过被测电阻 R_X 的电流 I_R 及其两端的电压降 U_R,则其阻值 $R_X = U_R/I_R$。实际测量时,有两种测量线路,即:相对于电源而言,a. 电流表 A(内阻为 R_A)接在电压表 V(内阻为 R_V)的内侧;b. A 接在 V 的外测。两种线路见图 1.37(a)、(b)。

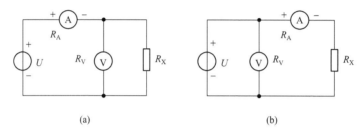

图 1.37 伏安法测电阻电路

由图 1.37(a) 可知,只有当 $R_X \ll R_V$ 时,R_V 的分流作用才可忽略不计,A 的读数接近于实际流过 R_X 的电流值。这种接法称为电流表的内接法。

由图 1.37(b) 可知,只有当 $R_X \gg R_V$ 时,R_A 的分压作用才可忽略不计,V 的读数接近于 R_X 两端的电压值。这种接法称为电流表的外接法。

实际应用时,应根据不同情况选用合适的测量线路,才能获得较准确的测量结果。

3. 实验设备(表 1.1)

表 1.1 实验设备表

序号	名称	型号与规格	数量	备注
1	可调直流稳压电源	0~30V	二路	DG04
2	可调恒流源	0~500mA	1	DG04
3	指针式万用表	MF-47 或其他	1	自备
4	可调电阻箱	0~9999.9Ω	1	DG09
5	电阻器	按需选择	—	DG09

4. 实验内容

① 根据"分流法"原理测定指针式万用表(MF-47 型或其他型号)直流电流 0.5mA 和 5mA 挡量程的内阻。线路如图 1.34 所示。R_B 可选用 DG09 中的电阻箱(下同)。填写表 1.2。

表 1.2 实验记录表(1)

量程 被测电流表	S 断开时表读数/mA	S 闭合时表读数/mA	R_B/Ω	R_1/Ω	计算内阻 R_A/Ω
0.5mA					
5mA					

② 根据"分压法"原理按图 1.35 接线，测定指针式万用表直流电压 2.5V 和 10V 挡量程的内阻。填写 1.3。

表 1.3 实验记录表（2）

被测电压表 量程	S闭合时 表读数/V	S断开时 表读数/V	R_B/kΩ	R_1/kΩ	计算内阻 R_V/kΩ
2.5V					
10V					

③ 用指针式万用表直流电压 10V 挡量程测量图 1.36 电路中 R_1 上的电压 U'_{R_1} 之值，并计算测量的绝对误差与相对误差。填写表 1.4。

表 1.4 实验记录表（3）

U	R_2	R_1	R_{10V}/kΩ	计算值 U_{R_1}/V	实测值 U'_{R_1}/V	绝对误差 ΔU/V	相对误差 $(\Delta U/U)\times 100\%$
12V	10kΩ	50kΩ					

5. 实验注意事项

① 在开启 DG04 挂箱的电源开关前，应将两路电压源的输出调节旋钮调至最小（逆时针旋到底），并将恒流源的输出粗调旋钮拨到 2mA 挡，输出细调旋钮应调至最小。接通电源后，再根据需要缓慢调节。

② 当恒流源输出端接有负载时，如果需要将其粗调旋钮由低挡位向高挡位切换，必须先将其细调旋钮调至最小，否则输出电流会突增，可能会损坏外接器件。

③ 电压表应与被测电路并接，电流表应与被测电路串接，并且都要注意正、负极性与量程的合理选择。

④ 实验内容 1、2 中，R_1 的取值应与 R_B 相近。

⑤ 本实验仅测试指针式仪表的内阻。由于所选指针表的型号不同，本实验中所列的电流、电压量程及选用的 R_B、R_1 等均会不同。实验时应按选定的表型自行确定。

6. 思考题

① 根据实验内容 1 和 2，若已求出 0.5mA 挡和 2.5V 挡的内阻，可否直接计算得出 5mA 挡和 10V 挡的内阻？

② 用量程为 10A 的电流表测实际值为 8A 的电流时，实际读数为 8.1A，求测量的绝对误差和相对误差。

7. 实验报告

① 列表记录实验数据，并计算各被测仪表的内阻值。

② 分析实验结果，总结应用场合。

③ 对思考题的计算。

④ 其他（包括实验的心得体会及意见等）。

实验 2　减小仪表测量误差的方法

1. 实验目的

① 进一步了解电压表、电流表的内阻在测量过程中产生的误差及其分析方法。

② 掌握减小因仪表内阻所引起的测量误差的方法。

2. 实验原理

减小因仪表内阻而产生的测量误差的方法有以下两种。

（1）不同量程两次测量计算法

当电压表的灵敏度不够高或电流表的内阻太大时，可利用多量程仪表对同一被测量用不同量程进行两次测量，用所得读数经计算后可得到较准确的结果。

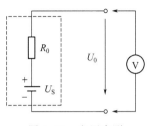

图 1.38 电压表测电阻电路

如图 1.38 所示电路，欲测量开路电压 U_0，如果所用电压表的内阻 R_V 与 R_0 相差不大，将会产生很大的测量误差。

设电压表有两挡量程，U_1、U_2 分别为在这两个不同量程下测得的电压值，令 R_{V1} 和 R_{V2} 分别为这两个相应量程的内阻，则由图 1.38 可得出

$$U_1 = \frac{R_{V1}}{R_0 + R_{V1}} U_S$$

$$U_2 = \frac{R_{V2}}{R_0 + R_{V2}} U_S$$

由以上两式可解得 U_S 和 R_0，其中 U_S（即 U_0）为：

$$U_S = \frac{U_1 U_2 (R_{V1} - R_{V2})}{U_1 R_{V2} - U_2 R_{V1}}$$

由此式可知，当电源内阻 R_0 与电压表的内阻 R_V 相差不大时，通过上述的两次测量结果，即可计算出开路电压 U_0 的大小，且其准确度要比单次测量好得多。

对于电流表，当其内阻较大时，也可用类似的方法测得较准确的结果。如图 1.39 所示电路，不接入电流表时的电流为 $I = \dfrac{U_S}{R}$，接入内阻为 R_A 的电流表 A 时，电路中的电流变为 $I' = \dfrac{U_S}{R + R_A}$。如果 $R_A = R$，则 $I' = I/2$，出现很大的误差。

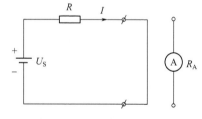

图 1.39 电流表测电流电路

如果用具有内阻 R_{A_1}、R_{A_2} 的两挡量程的电流表进行两次测量，经简单计算就可得到较准确的电流值。按图 1.39 所示电路，两次测量得

$$I_1 = \frac{U_S}{R + R_{A_1}}, \qquad I_2 = \frac{U_S}{R + R_{A_2}}$$

由以上两式可解得 U_S 和 R，进而可得：

$$I = \frac{U_S}{R} = \frac{I_1 I_2 (R_{A_1} - R_{A_2})}{I R_{A_1} - I_2 R_{A_2}}$$

（2）同一量程两次测量计算法

如果电压表（或电流表）只有一挡量程，且电压表的内阻较小（或电流表的内阻较大），可用同一量程两次测量法减小测量误差。其中，第一次测量与一般的测量并无两样，第二次测量时必须在电路中串入一个已知阻值的附加电阻。

① 电压测量——测量如图 1.40 所示电路的开路电压 U_0。

设电压表的内阻为 R_V。第一次测量，电压表的读数为 U_1。第二次测量时应与电压表串接一个已知阻值的电阻器 R，电压表读数为 U_2。由图可知：

$$U_1 = \frac{R_V U_S}{R_0 + R_V}, U_2 = \frac{R_V U_S}{R_0 + R_V + R}$$

由以上两式可解得 U_S 和 R_0，其中 U_S（即 U_o）为：

$$U_o = U_S = \frac{R U_1 U_2}{R_V (U_1 - U_2)}$$

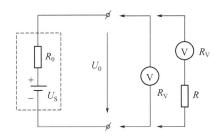

图 1.40 电压表测开路电压

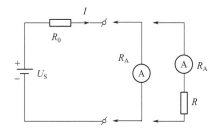

图 1.41 电流表测电流电路

② 电流测量——测量如图 1.41 所示电路的电流 I。

设电流表的内阻为 R_A。第一次测量电流表的读数为 I_1。第二次测量时应与电流表串接一个已知阻值的电阻器 R，电流表读数为 I_2。由图可知：

$$I_1 = \frac{U_S}{R_0 + R_A}, I_2 = \frac{U_S}{R_0 + R_A + R}$$

由以上两式可解得 U_S 和 R_0，从而可得：

$$I = \frac{U_S}{R_0} = \frac{I_1 I_2 R}{I_2 (R_A + R) - I_1 R_A}$$

由以上分析可知，当所用仪表的内阻与被测线路的电阻相差不大时，采用多量程仪表不同量程两次测量法或单量程仪表两次测量法，再通过计算就可得到比单次测量准确得多的结果。

3. 实验设备（表 1.5）

表 1.5 实验设备表

序号	名称	型号与规格	数量	备注
1	直流稳压电源	0～30V	1	DG04
2	指针式万用表	MF-47 或其他	1	自备
3	直流数字毫安表	0～200mA	1	D31
4	可调电阻箱	0～9999.9Ω	1	DG09
5	电阻器	按需选择	—	DG09

4. 实验内容

（1）双量程电压表两次测量法

按图 1.40 电路，实验中利用实验台上或 DG04 挂箱的一路直流稳压电源，取 $U_S = 2.5V$，R_0 选用 $50k\Omega$（取自电阻箱）。用指针式万用表的直流电压 2.5V 和 10V 两挡量程进行两次测量，最后算出开路电压 U_o' 之值。填表 1.6。

表1.6 实验记录表(1)

万用表电压量程/V	内阻值/kΩ	两个量程的测量值U/V	电路计算值U_0/V	两次测量计算值U'_0/V	U的相对误差值/%	U'_0的相对误差/%
2.5						
10						

注：$R_{2.5V}$和R_{10V}参照实验一的结果。

(2) 单量程电压表两次测量法

实验线路同上。先用上述万用表直流电压2.5V量程挡直接测量，得U_1。然后串接$R=10\text{k}\Omega$的附加电阻器再一次测量，得U_2。计算开路电压U'_0之值。填表1.7。

表1.7 实验记录表(2)

实际计算值 U_0/V	两次测量值		测量计算值 U'_0/V	U_1的相对误差/%	U'_0的相对误差/%
	U_1/V	U_2/V			

(3) 双量程电流表两次测量法

按图1.39线路进行实验，$U_S=0.3\text{V}$，$R=300\Omega$（取自电阻箱），用万用表0.5mA和5mA两挡电流量程进行两次测量，计算出电路的电流值I'。填表1.8。

表1.8 实验记录表(3)

万用表电流量程	内阻值/Ω	两个量程的测量值I_1/mA	电路计算值I/mA	两次测量计算值I'/mA	I_1的相对误差/%	I'的相对误差/%
0.5mA						
5mA						

注：$R_{0.5\text{mA}}$和$R_{5\text{mA}}$参照实验一的结果。

(4) 单量程电流表两次测量法

实验线路同(3)。先用万用表0.5mA电流量程直接测量，得I_1。再串联附加电阻$R=30\Omega$进行第二次测量，得I_2。求出电路中的实际电流I'之值。填表1.9。

表1.9 实验记录表(4)

实际计算值 I/mA	两次测量值		测量计算值 I'/mA	I_1的相对误差 δ_1/%	I'的相对误差 δ_2/%
	I_1/mA	I_2/mA			

5. 实验注意事项

① 在开启DG04挂箱的电源开关前，应将两路电压源的输出调节旋钮调至最小（逆时针旋到底），并将恒流源的输出粗调旋钮拨到2mA挡，输出细调旋钮应调至最小。接通电源后，再根据需要缓慢调节。

② 采用不同量程两次测量法时，应选用相邻的两个量程，且被测值应接近于低量程的满偏值。否则，当用高量程测量较低的被测值时，测量误差会较大。

③ 实验中所用的MF-47型万用表属于较精确的仪表。在大多数情况下，直接测量误差

不会太大。只有当被测电压源的内阻＞1/5电压表内阻或者被测电流源内阻＜5倍电流表内阻时，采用本实验的测量、计算法才能得到较满意的结果。

6. 思考题

① 完成各项实验内容的计算。

② 实验的收获与体会。

③ 其他收获。

实验3　仪表量程扩展实验

1. 实验目的

① 了解指针式毫安表的量程和内阻在测量中的作用。

② 掌握毫安表改装成电流表和电压表的方法。

③ 学会电流表和电压表量程切换开关的应用方法。

2. 实验原理

(1) 基本表的概念

一只毫安表允许通过的最大电流称为该表的量程，用I_g表示，其内阻用R_g表示，这就是一个"基本表"，其等效电路如图1.42所示。I_g和R_g是毫安表的两个重要参数。

(2) 扩大毫安表的量程

满量程为1mA的毫安表，最大只允许通过1mA的电流，过大的电流会造成"打针"，甚至烧断电流线圈。要用它测量超过1mA的电流，必须扩大毫安表的量程，即选择一个合适的分流电阻R_A与基本表并联，如图1.43所示。

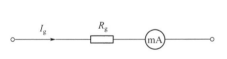

图1.42　毫安表的等效电路

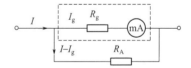

图1.43　扩大毫安表的等效电路

设：基本表满量程为$I_g=1$mA，基本表内阻$R_g=100\Omega$。现要将其量程扩大10倍（即可用来测量10mA电流），则应并联的分流电阻R_A应满足下式：

$$I_g R_g = (I - I_g) R_A$$

$$1\text{mA} \times 100\Omega = (10-1)\text{mA} \times R_A$$

$$R_A = \frac{100}{9} = 11.1(\Omega)$$

同理，要使其量程扩展为100mA，则应并联1.01Ω的分流电阻。

当用改装后的电流表来测量10（或100）mA以下的电流时，只要将基本表的读数乘以10（或100）或者直接将电表面板的满刻度刻成（10或100）mA即可。

(3) 将基本表改装为电压表

一只毫安表也可以改装为一只电压表，只要选择一只合适的分压电阻R_V与基本表相串

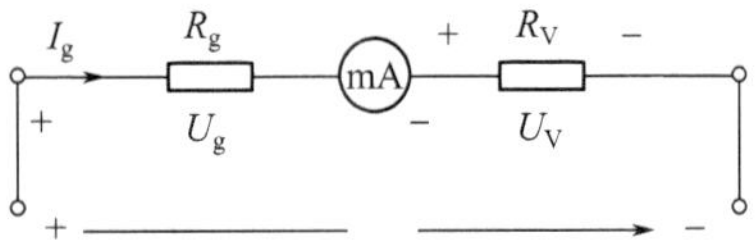

图 1.44 基本表改装电压表电路

接即可,如图 1.44 所示。

设被测电压值为 U,则:

$$U=U_g+U_V=I_g(R_g+R_V)$$

$$R_V=\frac{U-I_gR_g}{I_g}=\frac{U}{I_g}-R_g$$

要将量程为 1mA,内阻为 100Ω 的毫安表改装为量程为 1V 的电压表,则应串联的分压电阻的阻值应为:

$$R_V=\frac{1V}{1mA}-100=1000-100=900(\Omega)$$

若要将量程扩大到 10V,应串多大的分压电阻呢?

3. 实验设备(表 1.10)

表 1.10 实验设备表

序号	名称	型号规格	数量	备注
1	直流电压表	0~300V	1	D31
2	直流毫安表	0~500mA	1	D31
3	直流稳压电源	0~30V	1	DG04
4	直流恒流源	0~500mA	1	DG04
5	基本表	1mA,100Ω	1	DG05
6	电阻	1.01Ω,11.1Ω,900Ω,9.9kΩ	各1	DG05

4. 实验内容与步骤

(1) 1mA 表表头的检验

① 调节恒流源的输出,最大不超过 1mA;

② 先对毫安表进行机械调零,再将恒流源的输出接至毫安表的信号输入端;

③ 调节恒流源的输出,令其从 1mA 调至 0,分别读取指针表的读数,并记录于表 1.11。

表 1.11 实验记录表(1)

恒流源输出/mA	1	0.8	0.6	0.4	0.2	0
表头读数/mA						

(2) 将基本表改装为量程为 10mA 的毫安表

① 将分流电阻 11.1Ω 并接在基本表的两端,这样就将基本表改装成了满量程为 10mA 的毫安表;

② 调节恒流源的输出,使其从 10mA 依次减小 2mA,用改装好的毫安表依次测量恒流源的输出电流,并记录于表 1.12。

表 1.12 实验记录表(2)

恒流源输出/mA	10	8	6	4	2	0
毫安表读数/mA						

③ 将分流电阻改换为 1.01Ω，再重复以上步骤。

（3）将基本表改装为电压表

① 将分压电阻 9.9kΩ 与基本表相串接，这样基本表就被改装成为满量程为 10V 的电压表；

② 调节电压源的输出，使其从 0V 依次增加 2V，用改装成的电压表进行测量，并记录于表 1.13。

表 1.13 实验记录表（3）

电压源输出/V	10	8	6	4	2	0
改装表读数/V						

③ 将分压电阻换成 900Ω，重复上述步骤。

5. 实验注意事项

① 输入仪表的电压和电流要注意到仪表的量程，不可过大，以免损坏仪表；

② 可外接标准表（如直流毫安表和直流电压表作为标准表）进行校验；

③ 注意接入仪表的信号的正、负极性，以免指针反偏而损坏仪表。

④ DG05 挂箱上的 11.1Ω、1.01Ω、9.9kΩ、900Ω 四只电阻的阻值是按照量程 $I_g = 1mA$，内阻 $R_g = 100Ω$ 的基本表计算出来的。基本表的 R_g 会有差异，利用上述四个电阻扩展量程后，将使测量误差增大。因此，实验时，可先测出 R_g，并计算出量程扩展电阻 R，再从 DG09 挂箱的电阻箱上取得 R 值，可提高实验的准确性、实际性。

6. 预习思考题

如果要将本实验中的几种测量改为万用表的操作方式，需要用什么样的开关来进行切换，以便对不同量程的电压、电流进行测量？该线路应如何设计？

7. 实验报告

① 总结电路原理中分压、分流的具体应用。

② 总结电表的改装方法。

③ 测量误差的分析。

④ 设计预习思考题的实现线路。

实验 4 电路元件伏安特性的测绘

1. 实验目的

① 学会识别常用电路元件的方法。

② 掌握线性电阻、非线性电阻元件伏安特性曲线的测绘。

③ 掌握实验台上直流电工仪表和设备的使用方法。

2. 实验原理

任何一个二端元件的特性可用该元件上的端电压 U 与通过该元件的电流 I 之间的函数关系 $I = f(U)$ 来表示，即用 I—U 平面上的一条曲线来表征，这条曲线称为该元件的伏安特性曲线。

① 线性电阻器的伏安特性曲线是一条通过坐标原点的直线，如图 1.45 中直线 a 所示，该直线的斜率等于该电阻器的电阻值。

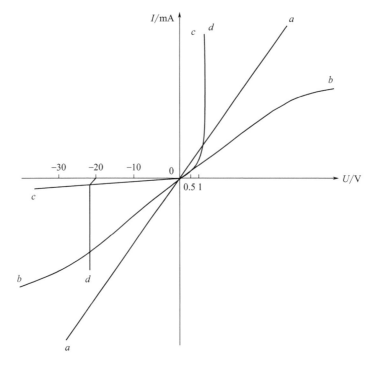

图 1.45 二端元件的伏安特性曲线

② 一般的白炽灯在工作时灯丝处于高温状态，其灯丝电阻随着温度的升高而增大，通过白炽灯的电流越大，其温度越高，阻值也越大，一般灯泡的"冷电阻"与"热电阻"的阻值可相差几倍至十几倍，所以它的伏安特性如图 1.45 中 b 曲线所示。

③ 一般的半导体二极管是一个非线性电阻元件，其伏安特性如图 1.45 中 c 曲线所示。正向压降很小（一般的锗管约为 0.2～0.3V，硅管约为 0.5～0.7V），正向电流随正向压降的升高而急骤上升，而反向电压从零一直增加到几十伏时，其反向电流增加很小，粗略地可视为零。可见，二极管具有单向导电性，但反向电压加得过高，超过管子的极限值，则会导致管子击穿损坏。

④ 稳压二极管是一种特殊的半导体二极管，其正向特性与普通二极管类似，但其反向特性较特别，如图 1.45 中 d 曲线所示。在反向电压开始增加时，其反向电流几乎为零，但当电压增加到某一数值时（称为管子的稳压值，有各种不同稳压值的稳压管）电流将突然增加，以后它的端电压将基本维持恒定，当外加的反向电压继续升高时其端电压仅有少量增加。

注意：流过二极管或稳压二极管的电流不能超过管子的极限值，否则管子会被烧坏。

3. 实验设备（表 1.14）

表 1.14 实验设备表

序号	名称	型号与规格	数量	备注
1	可调直流稳压电源	0～30V	1	DG04
2	万用表	FM-47 或其他	1	自备
3	直流数字毫安表	0～200mA	1	D31

续表

序号	名称	型号与规格	数量	备注
4	直流数字电压表	0～200V	1	D31
5	二极管	IN4007	1	DG09
6	稳压管	2CW51	1	DG09
7	白炽灯	12V,0.1A	1	DG09
8	线性电阻器	200Ω,510Ω/8W	1	DG09

4. 实验内容

（1）测定线性电阻器的伏安特性

按图1.46接线，调节稳压电源的输出电压U，从0V开始缓慢地增加，一直到10V，记下相应的电压表和电流表的读数U_R、I，填于表1.15。

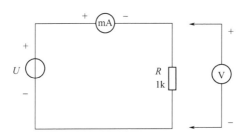

图1.46 测定线性电阻器伏安特性电路

表1.15 实验记录表（1）

U_R/V	0	2	4	6	8	10
I/mA						

（2）测定非线性白炽灯泡的伏安特性

将图1.46中的R换成一只12V，0.1A的灯泡，重复上述步骤。U_L为灯泡的端电压，填表1.16。

表1.16 实验记录表（2）

U_L/V	0.1	0.5	1	2	3	4	5
I/mA							

（3）测定半导体二极管的伏安特性

按图1.47接线，R为限流电阻器。测二极管的正向特性时，其正向电流不得超过35mA，二极管D的正向施压U_{D+}可在0～0.75V之间取值。在0.5～0.75V之间应多取几个测量点。测反向特性时，只需将图1.47中的二极管D反接，且其反向施压U_{D-}可达30V。填表1.17和表1.18。

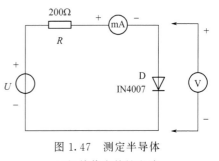

图1.47 测定半导体二极管伏安特性电路

表 1.17 正向特性实验数据

U_{D+}/V	0.10	0.30	0.50	0.55	0.60	0.65	0.70	0.75
I/mA								

表 1.18 反向特性实验数据

U_{D-}/V	0	-5	-10	-15	-20	-25	-30
I/mA							

（4）测定稳压二极管的伏安特性

① 正向特性实验：将图 1.47 中的二极管换成稳压二极管 2CW51，重复正向测量。U_{Z+} 为 2CW51 的正向施压。填表 1.19。

表 1.19 实验记录表（3）

U_{Z+}/V	
I/mA	

② 反向特性实验：将图 1.47 中的 R 换成 510Ω，2CW51 反接，测量 2CW51 的反向特性。稳压电源的输出电压 U_o 从 0~20V，测量 2CW51 二端的电压 U_{Z-} 及电流 I，由 U_{Z-} 可看出其稳压特性。填表 1.20。

表 1.20 实验记录表（4）

U_o/V	
U_{Z-}/V	
I/mA	

5. 实验注意事项

① 测二极管正向特性时，稳压电源输出应由小至大逐渐增加，应时刻注意电流表读数不得超过 35mA。

② 如果要测定 2AP9 的伏安特性，则正向特性的电压值应取 0、0.10、0.13、0.15、0.17、0.19、0.21、0.24、0.30V，反向特性的电压值取 0、2、4、…、10 V。

③ 进行不同实验时，应先估算电压和电流值，合理选择仪表的量程，勿使仪表超量程，仪表的极性亦不可接错。

6. 思考题

① 线性电阻与非线性电阻的概念是什么？电阻器与二极管的伏安特性有何区别？

② 设某器件伏安特性曲线的函数式为 $I=f(U)$，试问在逐点绘制曲线时，其坐标变量应如何放置？

③ 稳压二极管与普通二极管有何区别，其用途如何？

④ 在图 1.47 中，设 $U=2V$，$U_{D+}=0.7V$，则毫安表读数为多少？

7. 实验报告

① 根据各实验数据，分别在方格纸上绘制出光滑的伏安特性曲线。（其中二极管和稳压管的正、反向特性均要求画在同一张图中，正、反向电压可取为不同的比例尺）。

② 根据实验结果，总结、归纳被测各元件的特性。

③ 必要的误差分析。

④ 心得体会及其他。

实验 5　基尔霍夫定律的验证

1. 实验目的

① 验证基尔霍夫定律的正确性，加深对基尔霍夫定律的理解。
② 学会用电流插头、插座测量各支路电流。

2. 实验原理

基尔霍夫定律是电路的基本定律。测量某电路的各支路电流及每个元件两端的电压，应能分别满足基尔霍夫电流定律（KCL）和电压定律（KVL），即对电路中的任一个节点而言，应有 $\Sigma I=0$；对任何一个闭合回路而言，应有 $\Sigma U=0$。

运用上述定律时必须注意各支路或闭合回路中电流的正方向，此方向可预先任意设定。

3. 实验设备（表 1.21）

表 1.21　实验设备表

序号	名称	型号与规格	数量	备注
1	直流可调稳压电源	0～30V	二路	DG04
2	万用表	—	1	自备
3	直流数字电压表	0～200V	1	D31
4	电位、电压测定实验电路板	—	1	DG05

4. 实验内容

实验线路如图 1.48 所示，用 DG05 挂箱的"基尔霍夫定律/叠加原理"线路。

① 实验前先任意设定三条支路和三个闭合回路的电流正方向。图 1.48 中的 I_1、I_2、I_3 的方向已设定。三个闭合回路的电流正方向可设为 $ADEFA$、$BADCB$ 和 $FBCEF$。

② 分别将两路直流稳压源接入电路，令 $U_1 = 6V$，$U_2 = 12V$。

③ 熟悉电流插头的结构，将电流插头的两端接至数字毫安表的+、-两端。

④ 将电流插头分别插入三条支路的三个电流插座中，读出并记录电流值。

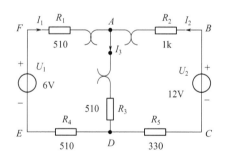

图 1.48　基尔霍夫定律实验图

⑤ 用直流数字电压表分别测量两路电源及电阻元件上的电压值，记录于表 1.22。

表 1.22　实验记录表

被测量	I_1/mA	I_2/mA	I_3/mA	U_1/V	U_2/V	U_{FA}/V	U_{AB}/V	U_{AD}/V	U_{CD}/V	U_{DE}/V
计算值										
测量值										
相对误差										

5. 实验注意事项

① 本实验线路板系多个实验通用，DG05 上的开关应拨向 330Ω 侧，三个故障按键均不得按下。

② 所有需要测量的电压值，均以电压表测量的读数为准。U_1、U_2 也需测量，不应取电源本身的显示值。

③ 防止稳压电源两个输出端碰线短路。

④ 用指针式电压表或电流表测量电压或电流时，如果仪表指针反偏，则必须调换仪表极性，重新测量，此时指针正偏，可读得电压或电流值。若用数显电压表或电流表测量，则可直接读出电压或电流值。但应注意：所读得的电压或电流值的正确正、负号应根据设定的电流参考方向来判断。

6. 预习思考题

① 根据图 1.48 的电路参数，计算出待测的电流 I_1、I_2、I_3 和各电阻上的电压值，记入表中，以便实验测量时，可正确地选定毫安表和电压表的量程。

② 实验中，若用指针式万用表直流毫安挡测各支路电流，在什么情况下可能出现指针反偏？应如何处理？在记录数据时应注意什么？若用直流数字毫安表进行测量，则会有什么显示呢？

7. 实验报告

① 根据实验数据，选定节点 A，验证 KCL 的正确性。

② 根据实验数据，选定实验电路中的任一闭合回路，验证 KVL 的正确性。

③ 将支路和闭合回路的电流方向重新设定，重复①、②两项验证。

④ 误差原因分析。

⑤ 心得体会及其他。

习题

1-1 填空题

1. 将电器设备和电器元件根据功能要求按一定方式连接起来而构成的集合体称为_____。

2. 仅具有某一种确定的电磁性能的元件，称为_____。

3. 由理想电路元件按一定方式相互连接而构成的电路，称为_____。

4. 电路分析的对象是_____。

5. 电流的实际方向规定为_____运动的方向。

6. 引入_____后，电流有正、负之分。

7. 电场中 a、b 两点的_____，称为 a、b 两点之间的电压。

8. 关联参考方向是指_____。

9. 若电压 u 与电流 i 为关联参考方向，则电路元件的功率为 $P=ui$，当 $P>0$ 时，说明电路元件实际是_____；当 $P<0$ 时，说明电路元件实际是_____。

10. 电流、电压的参考方向可_____，功率的参考方向也可以_____。

11. 流过同一电流的路径称为_____，支路两端的电压称为_____，流过支路电流称为_____。

12. 三条或三条以上支路的连接点称为_____，电路中的任何一闭合路径称为_____。

13. KCL 指出：对于任一集总电路中的任一节点，在任一时刻，流出（或流进）该节点的所有支路电流的_____为零。

14. KCL 只与_____有关，而与元件的性质无关。

15. KVL 指出：对于任一集总电路中的任一回路，在任一时刻，沿着该回路的_____代数和为零。

16. 由欧姆定律定义的电阻元件，称为_____电阻元件。

17. 线性电阻元件的伏安特性曲线是通过坐标_____的一条直线。

18. 电阻元件可分为_____和_____两类。

19. 产生电能或储存电能的设备称为_____。

20. 实际电压源等效为理想电压源与一个电阻的_____，实际电流源等效为理想电流源与一个电阻的_____。

21. 串联电阻电路可起_____作用，并联电阻电路可起_____作用。

1-2 选择题

1. 理想电流源的外接电阻越大，则它的端电压（   ）。
   A. 越高　　　　　　B. 越低　　　　　　C. 不能确定

2. 理想电压源的外接电阻越大，则流过理想电压源的电流（   ）。
   A. 越大　　　　　　B. 越小　　　　　　C. 不能确定

3. 如题图 1.1 所示电路中，当 R_1 增加时，电压 U_2 将（   ）。
   A. 变大　　　　　　B. 变小　　　　　　C. 不变

4. 如题图 1.2 所示电路中，当 R_1 增加时，电流 I_2 将（   ）。
   A. 变大　　　　　　B. 变小　　　　　　C. 不变

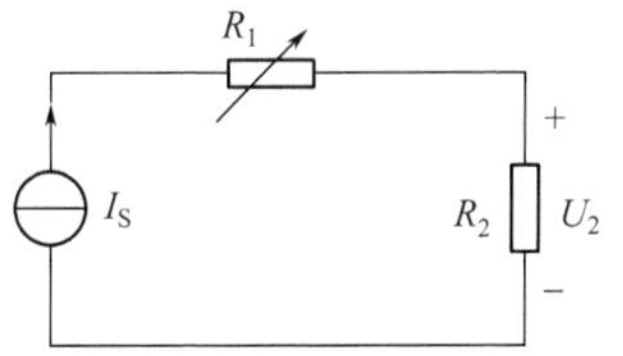

题图 1.1 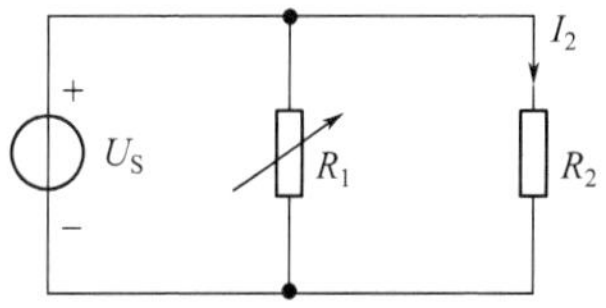　　　　　　　　题图 1.2

5. 如题图 1.3 所示电路，把图（a）所示的电路改为图（b）的电路，其负载电流 I_1 和 I_2 将（   ）。
   A. 增大　　　　　　B. 不变　　　　　　C. 减小

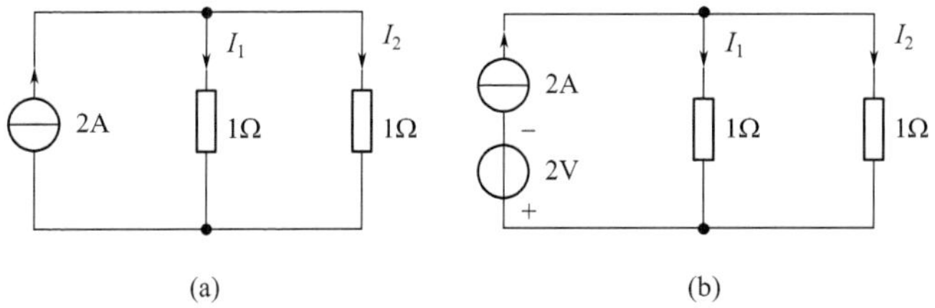

题图 1.3

6. 如题图 1.4 所示，把图（a）所示的电路改为图（b）的电路，其负载电流 I_1 和 I_2 将（　　）。

A. 增大　　　　　　B. 不变　　　　　　C. 减小

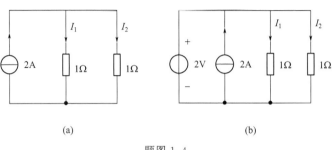

题图 1.4

1-3　问答题

1. 一只"100Ω、$100\,W$"的电阻与 $120\,V$ 电源相串联，至少要串入多大的电阻 R 才能使该电阻正常工作？

2. 两个额定值分别是"$110V$，$40W$""$110V$，$100W$"的灯泡，能否串联后接到 $220V$ 的电源上使用？为什么？

1-4　计算题

1. 题图 1.5 所示电路中，已知 $I_1=11\mathrm{mA}$，$I_4=12\mathrm{mA}$，$I_5=6\mathrm{mA}$。求 I_2，I_3 和 I_6。

2. 题图 1.6 所示电路中，已知：$I_\mathrm{S}=2\mathrm{A}$，$U_\mathrm{S}=12\mathrm{V}$，$R_1=R_2=4\Omega$，$R_3=16\Omega$。求：(1) S 断开后 A 点电位 V_A；(2) S 闭合后 A 点电位 V_A。

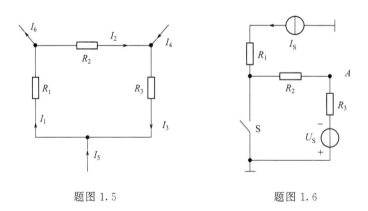

题图 1.5　　　　　　　　题图 1.6

3. 在题图 1.7 所示电路中，已知：$U_\mathrm{S}=24\mathrm{V}$，$R_1=20\Omega$，$R_2=30\Omega$，$R_3=15\Omega$，$R_4=100\Omega$，$R_5=25\Omega$，$R_6=8\Omega$。求 U_S 的输出功率 P。

4. 求题图 1.8 所示电路中电压源和电流源发出或吸收的功率值，并说明哪个是电源，哪个是负载。

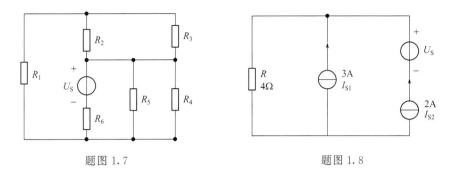

题图 1.7　　　　　　　　　题图 1.8

5. 在题图 1.9(a)、(b) 电路中，若 $I=0.6\mathrm{A}$，求 R；在题图 1.9(c)、(d) 电路中，若 $U=0.6\mathrm{V}$，求 R。

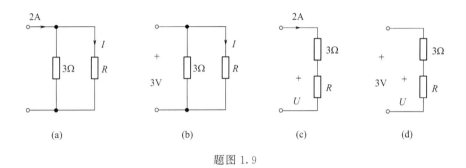

题图 1.9

6. 题图 1.10 所示电路中，已知 $U_\mathrm{S}=6\mathrm{V}$，$I_\mathrm{S}=3\mathrm{A}$，$R=4\Omega$。计算通过理想电压源的电流及理想电流源两端的电压，并根据两个电源功率的计算结果，分别说明两个电源是产生功率还是吸收功率。

7. 在题图 1.11 电路中，电流 $I=10\mathrm{mA}$，$I_1=6\mathrm{mA}$，$R_1=3\mathrm{k}\Omega$，$R_2=1\mathrm{k}\Omega$，$R_3=2\mathrm{k}\Omega$。求电流表 A_4 和 A_5 的读数各为多少？

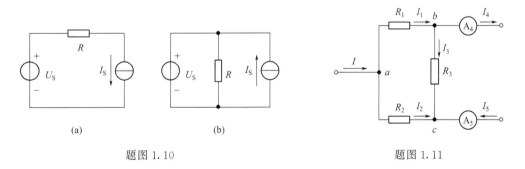

题图 1.10　　　　　　　　　题图 1.11

8. 求题图 1.12 所示电路中的电流 I 和电压 U。

9. 常用的分压电路如题图 1.13 所示，试求：①当开关 S 打开，负载 R_L 未接入电路时，分压器的输出电压 U_o；②开关 S 闭合，接入 $R_L=150\Omega$ 时，分压器的输出电压 U_o；③开关 S 闭合，接入 $R_L=15\mathrm{k}\Omega$，此时分压器输出的电压 U_o 又为多少？并由计算结果得出一个结论。

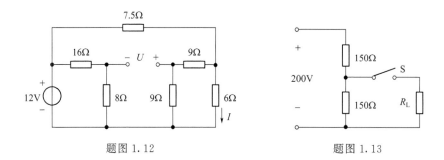

题图 1.12　　　　　　　　　题图 1.13

10. 电路如题图 1.14 所示，已知其中电流 $I_1=-1\text{A}$，$U_{S1}=20\text{V}$，$U_{S2}=40\text{V}$，电阻 $R_1=4\Omega$，$R_2=10\Omega$，求电阻 R_3 等于多少欧。

11. 分别计算题图 1.15 所示电路中，S 打开与闭合时中 A、B 两点的电位。

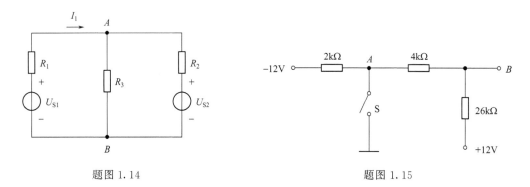

题图 1.14　　　　　　　　　题图 1.15

第2章
直流电路的分析方法

 学习目标

① 掌握直流电路的分析方法、电路的等效变换、支路电流法、叠加定理、戴维南定理。

② 掌握电阻串联、并联电路的特点，会计算串并联电路中的电压、电流和等效电阻；能求解一些简单的混联电路。

③ 会用叠加定理、戴维南定理求解复杂电路中的电压、电流、功率等电量。

2.1 电路的等效变换

"等效"是指两个不同的事物作用于同一目标时其作用效果相同。例如，1台拖拉机拖动一个车厢，使车厢速度达到10m/s，5匹马拖动同样一个车厢，使该车厢的速度也达到10m/s，于是对这一车厢而言，这台拖拉机和5匹马"等效"。在这里不能把"等效"和"相等"混同。

2.1.1 电阻的等效变换

1. 电阻串联等效

2个或2个以上电阻元件相串联时，等效电阻等于各串联电阻之和，即

$$R_{串}=R_1+R_2+R_3+\cdots$$

几个电阻相串联时，它们处在同一支路中，因此通过各电阻的电流相同；串联电阻可提

高支路阻值，当支路电压不变时，串联电阻可限制电流；串联电阻可以分压，各串联电阻上分压的多少与其阻值成正比。

2. 电阻并联等效

电阻并联时，其等效电阻是各并联电阻倒数和的倒数，即

$$R_{并} = \frac{1}{\frac{1}{R_1} + \frac{1}{R_2} + \frac{1}{R_3} + \cdots}$$

如果只有 2 个电阻并联，其等效电阻

$$R_{并} = \frac{R_1 R_2}{R_1 + R_2}$$

如果 n 个阻值相同的电阻相并联，其等效电阻

$$R_{并} = \frac{R_1}{n}$$

工程实际中，单相负载的额定电压基本上都是 220V，三相负载的额定电压基本上取 380V，这是因为供电系统对负载提供的工频交流电压基本上都是 220V 或 380V。为了获得负载的额定电压，负载连接到电网上都是并联形式，并联不改变电压，但根据各负载的本身参数的不同，可得到所需要的电源。

3. 混联电阻等效

在电路分析中，经常会遇到一些较为复杂的电阻网络，如图 2.1(a) 所示，其中既有电阻的并联又有电阻的串联，这样的连接方式称为混联。

对混联电阻电路的求解，目的显然也是为了化简电路，即求出混联电阻电路的等效电阻。

分析：图 2.1(a) 所示混联电路的求解，关键点是正确找到电路的节点。观察该电路，除了有 A、B 两个节点（端点都视为节点），根据节点的概念，R_1、R_2 和 R_5 的汇集点也是一个节点，可定为 C 点。可以先把这几个节点的位置定下来，然后观察各电阻的连接情况：R_1 和 R_2 可用并联电阻方法等效为一个 R_{12}，这样 C 点就取消了，R_{12} 和 R_5 构成串联，其串联等效电阻为 R_{125}，R_{125} 再和 R_4、R_3 并联，于是，混联电阻的等效电阻 R_{AB} 就求得：

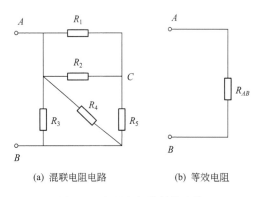

(a) 混联电阻电路　　(b) 等效电阻

图 2.1　电阻之间的等效变换

$$R_{AB} = [(R_1 // R_2) + R_5] // R_3 // R_4$$

混联等效电阻求解的过程中，找节点时应注意：如果电路图中 2 个接点之间没有电阻，则应视为一点，因为电路模型中的导线都是无阻无感的理想导线，其长度可以无限延长和缩短。

2.1.2 实际电源两种模型的等效变换

实际电源可用两种电路模型来表示，一种为电压源和电阻（内阻 R_0）的串联模型，还有一种为电流源和电阻（内阻 R_0）的并联模型，如图2.2所示。实际电源的这两种电路模型，对外电路是相互等效的。

两种模型的特点是：电阻相同，电流源电流为 $i_S = \dfrac{u_S}{R_0}$，电流 i_S 的方向为由电压源的低电位指向高电位。注意是对外电路等效。

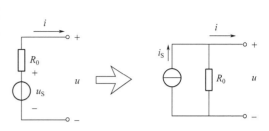

图2.2 两种实际电源的等效变换

证明：

在图2.2中

$$u = u_S - R_0 i$$

$$i = \frac{u_S}{R_0} - \frac{u}{R_0} \tag{2-1}$$

可得

$$i = i_S - \frac{u}{R_0'} \tag{2-2}$$

图2.3、图2.4中对外电路等效，即 u、i 相同，比较式(2-1)、式(2-2)可得

$$i = \frac{u_S}{R_0}$$

$$R_0 = R_0'$$

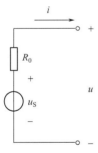

图2.3 电压源

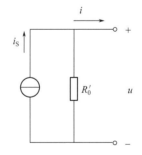

图2.4 电流源

2.2 支路电流法

支路电流法是以电路中每条支路的电流为未知量，对独立节点、独立回路（网孔）分别应用基尔霍夫电流定律、电压定律列出相应的方程，从而解得支路电流。具体分析如下。

如图2.5所示，设定每条支路电流 i_1，i_2，i_3 的参考方向，网孔为顺时针绕行方向。

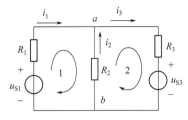

图 2.5 支路电流法

在图中有两个节点，独立节点只有一个，故只要对其中一个节点列电流方程。独立回路有两个，故只要对网孔列电压方程即可。

对 a 节点有：$-i_1-i_2+i_3=0$；

对回路 1：$R_1i_1-R_2i_2=u_{S1}$；

对回路 2：$R_2i_2+R_3i_3=-u_{S3}$；

由以上三个方程解得支路电流 i_1，i_2，i_3。

步骤概括如下：

① 假定各支路电流的参考方向、网孔绕行方向。

② 根据基尔霍夫电流定律，对独立节点列电流方程（如有 n 个节点，则 $n-1$ 个节点是独立的）。

③ 根据基尔霍夫电压定律，对独立回路列电压方程（一般选取网孔，网孔是独立回路）。

④ 解出支路电流。

例 2.1 电路如图 2.6 所示，用支路法求各支路电流。

解：设支路电流 i_1，i_2，i_3 的参考方向，根据电流源的性质，得 $i_2=5\text{A}$。设网孔绕行方向按顺时针方向。

对节点 a
$$-i_1-i_2+i_3=0$$

对回路 1，假定电流源两端电压 u 的参考方向如图 2.6 所示。

$$6i_1+u=10$$

对回路 2

$$-u+4i_3=0$$

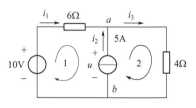

图 2.6 例 2.1 图

根据以上方程解得　　$i_1=-1\text{A}$，$i_2=5\text{A}$，$i_3=4\text{A}$，$u=16\text{V}$

注意对电流源在列回路电压方程时，要假设电流源两端的电压。

例 2.2 电路如图 2.7 所示，电桥的原理图。R_1，R_2，R_3，R_4 是电桥的四个桥臂，a、b 间接有检流计 G，求当检流计指示为零时，也就是电桥平衡时，桥臂 R_1，R_2，R_3，R_4 之间的关系。

解：当检流计指示为零时，则该支路电流为零，可将该支路断开即开路。得

$$I_1=I_4, I_2=I_3$$

a、b 两点等电位，得

$$R_1I_1=R_2I_2, R_3I_3=R_4I_4$$

则桥臂之间的关系为

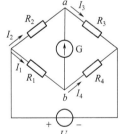

图 2.7 例 2.2 图

$$\frac{R_1}{R_4}=\frac{R_2}{R_3}$$

$$R_1R_3=R_2R_4$$

以上结果为电桥平衡的条件。

由于 a、b 两点等电位，此题也可通过把 a、b 两点间短路来分析，可得同样的结果。

2.3 叠加定理

叠加定理叙述为：在线性电路中，当有多个独立电源同时作用时，任何一条支路的电流或电压，等于电路中各个独立电源单独作用时对该支路所产生的电流或电压的代数和。

当某独立电源单独作用于电路时，其他独立电源应该除去，称为"除源"，即对电压源来说令其电源电压 u_S 为零，相当于"短路"（实际电源的内阻仍应保留在电路中）；对电流源来说，令其电源电流 i_S 为零，相当于"开路"（实际电源的内电导仍应保留在电路中），如图 2.8 所示。

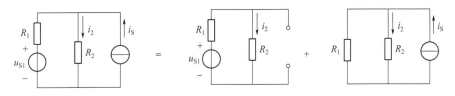

图 2.8 叠加定理

用叠加定理求流过 R_2 的电流 i_2，等于电压源、电流源单独对 R_2 支路作用产生电流的叠加。

注意：不作用的电压源短接，不作用的电流源断开，电阻仍保留在电路中。功率不能叠加。

例 2.3 用叠加定理求图 2.9 所示电路中流过 4Ω 电阻的电流。

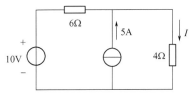

图 2.9 例 2.3 图

解：叠加定理求解过程如图 2.10 所示。

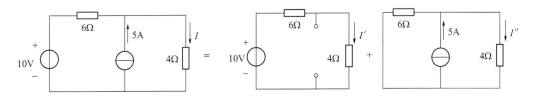

图 2.10 求解过程图

由图 2.10，可知流过 4Ω 电阻的电流为 4A。

2.4 戴维南定理

在电路分析中，经常遇到只需要计算电路中某一条支路的电流或电压。从这条支路的二端来看，电路的其余部分是一个含有电源，具有二个端的网络，戴维南定理能将含有电源的二端网络等效成一个电压源和电阻的串联形式，从而使电路的计算简化，分析如下。

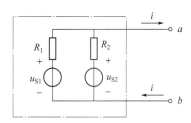

图 2.11 有源二端网络

具有二个端的网络称为二端网络；含有电源的二端线性网络称为有源二端线性网络；不含电源的二端线性网络，称为无源二端线性网络，图 2.11 为有源二端线性网络。

戴维南定理叙述为：任何有源二端线性网络，都可以用一条含源支路即电压源和电阻的串联组合来等效替代（对外电路），其中电阻等于二端网络化成无源网络（电压源短接，电流源断开）后，从两个端看进去的电阻，电压源的电压等于二端网络两个端之间的开路电压，如图 2.12 所示。

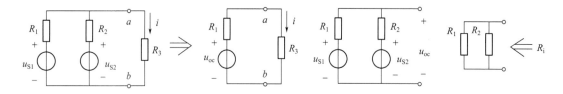

图 2.12 等效替代电路

例 2.4 用戴维南定理，求图 2.13 中流过 4Ω 电阻的电流 I。

解：求输入端电阻 R_i（电压源短接，电流源断开，从 a、b 二端看进去的电阻），如图 2.14 所示。

$$R_i = 6\Omega$$

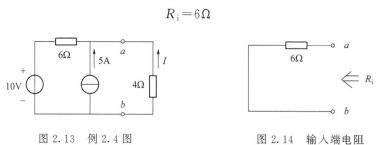

图 2.13 例 2.4 图　　　　图 2.14 输入端电阻

求开路电压（a、b 二端之间断开时的电压）U_{oc}，如图 2.15 所示。

$$U_{oc} = (5 \times 6 + 10) = 40(\text{V})$$

求电流，如图 2.16 所示。

$$I = \frac{40}{10} = 4(\text{A})$$

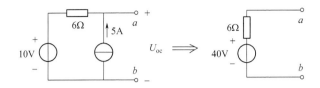
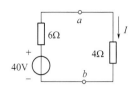

图 2.15 求开路电压 　　　　　　图 2.16 求电流

例 2.5　在图 2.17 的电路中,如果电阻 R 可变,R 为何值时,电阻 R 从电路中吸取的功率最大? 该最大功率是多少?

解:应用戴维南定理将二端网络等效为一条含源支路,如图 2.18 所示。等效电阻 $R_i = 1\Omega$。

根据图 2.19,电阻 R 吸收的功率为

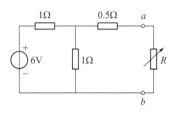

图 2.17　例 2.5 图

$$P_R = RI^2 = \frac{U_{oc}^2 R}{(R_i + R)^2}$$

如果 R 可变,则 P_R 的最大值发生在 $\dfrac{\mathrm{d}P_R}{\mathrm{d}R} = 0$ 的情况下,这时 $R = R_i$,所以当 $R = 1\Omega$ 时,电阻 R 才能获取最大功率。最大功率为

$$P_{R\max} = \frac{U_{oc}^2}{4R} = \frac{9}{4} = 2.25(\mathrm{W})$$

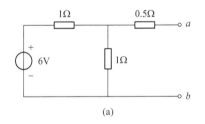
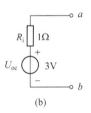
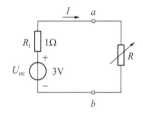

　　　(a)　　　　　　　　　　　(b)

图 2.18　等效电路　　　　　　　　　图 2.19　吸收功率

本章小结

1. 二端网络 N_1 与 N_2 相互等效(对外电路而言)的条件是它们两端的伏安关系相同。实际电压源与实际电流源之间可以相互等效转换,转换时需注意只对外电路而言,对电源内部则不等效。

2. 电路的分析方法较多,各种分析方法之间互有联系。对于某一电路究竟采用哪一种方法,视具体情况而定。节点少、网孔多的采用节点分析法;对于只要求出某一支路的电流的问题,则采用等效化简法,对部分电路进行化简,使整个电路结构变得简单。

3. 支路电流法:以电路中每条支路的电流为未知量,对独立节点、独立回路(网孔)分别应用基尔霍夫电流定律、电压定律列出相应的方程,从而解得支路电流。

4. 叠加定理:对于任一线性电路中任一支路的电流或电压,都可以看成是电路中各个

独立电源单独作用时在这个支路所产生的电流或电压之叠加。叠加定理只适用于线性电路，功率是不满足叠加关系的。

5. 戴维南定理：任何一个线性有源二端网络，可以用一个理想电压源与一个电阻相串联的二端网络来等效，其理想电压源的电动势等于该网络的开路电压，串联电阻等于该网络中所有独立电源为零值时二端网络的两个端钮的入端等效电阻。

实验 6　叠加原理的验证

1. 实验目的

验证线性电路叠加原理的正确性，加深对线性电路的叠加性和齐次性的认识和理解。

2. 实验原理

叠加原理指出：在有多个独立源共同作用下的线性电路中，通过每一个元件的电流或其两端的电压，可以看成是由每一个独立源单独作用时在该元件上所产生的电流或电压的代数和。

线性电路的齐次性是指当激励信号（某独立源的值）增加或减小 K 倍时，电路的响应（即在电路中各电阻元件上所建立的电流和电压值）也将增加或减小 K 倍。

3. 实验设备（表 2.1）

表 2.1　实验设备表

序号	名称	型号与规格	数量	备注
1	直流稳压电源	0～30V 可调	二路	DG04
2	万用表	—	1	自备
3	直流数字电压表	0～200V	1	D31
4	直流数字毫安表	0～200mA	1	D31
5	叠加原理实验电路板	—	1	DG05

4. 实验内容

实验线路如图 2.20 所示，用 DG05 挂箱的"基尔夫定律/叠加原理"线路。

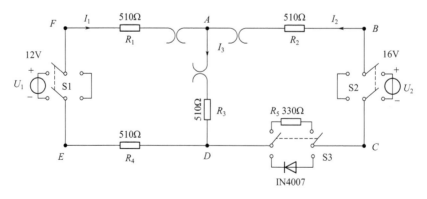

图 2.20　叠加原理的验证电路

① 将两路稳压源的输出分别调节为 12V 和 6V，接入 U_1 和 U_2 处。

② 令 U_1 电源单独作用（将开关 S_1 投向 U_1 侧，开关 S_2 投向短路侧）。用直流数字电压表和毫安表（接电流插头）测量各支路电流及各电阻元件两端的电压，数据记入表2.2。

③ 令 U_2 电源单独作用（将开关 S_1 投向短路侧，开关 S_2 投向 U_2 侧），重复实验步骤2的测量和记录，数据记入表2.2。

表 2.2 实验记录表（1）

测量项目 实验内容	U_1/V	U_2/V	I_1/mA	I_2/mA	I_3/mA	U_{AB}/V	U_{CD}/V	U_{AD}/V	U_{DE}/V	U_{EA}/V
U_1 单独作用										
U_2 单独作用										
U_1、U_2 共同作用										
$2U_2$ 单独作用										

④ 令 U_1 和 U_2 共同作用（开关 S_1 和 S_2 分别投向 U_1 和 U_2 侧），重复上述的测量和记录，数据记入表2.2。

⑤ 将 U_2 的数值调至 +12V，重复上述第3项的测量并记录，数据记入表2.2。

⑥ 将 R_5（330Ω）换成二极管 1N4007（即将开关 S_3 投向二极管 1N4007 侧），重复①~⑤的测量过程，数据记入表2.3。

表 2.3 实验记录表（2）

测量项目 实验内容	U_1/V	U_2/V	I_1/mA	I_2/mA	I_3/mA	U_{AB}/V	U_{CD}/V	U_{AD}/V	U_{DE}/V	U_{EA}/V
U_1 单独作用										
U_2 单独作用										
U_1、U_2 共同作用										
$2U_2$ 单独作用										

5. 实验注意事项

① 用电流插头测量各支路电流时，或者用电压表测量电压降时，应注意仪表的极性，正确判断测得值的 +、- 号后，记入数据表格。

② 注意仪表量程的及时更换。

6. 预习思考题

① 在叠加原理实验中，要令 U_1、U_2 分别单独作用，应如何操作？可否直接将不作用的电源（U_1 或 U_2）短接置零？

② 实验电路中，若有一个电阻器改为二极管，试问叠加原理的叠加性与齐次性还成立吗？为什么？

7. 实验报告

① 根据实验数据表格，进行分析、比较、归纳、总结实验结论，即验证线性电路的叠加性与齐次性。

② 各电阻器所消耗的功率能否用叠加原理计算得出？试用上述实验数据进行计算。
③ 通过分析表格 2.3 的数据，你能得出什么样的结论？
④ 心得体会及其他。

实验 7　电压源与电流源的等效变换

1. 实验目的
① 掌握电源外特性的测试方法。
② 验证电压源与电流源等效变换的条件。

2. 实验原理
① 一个直流稳压电源在一定的电流范围内，具有很小的内阻。故在实用中，常将它视为一个理想的电压源，即其输出电压不随负载电流而变化。其外特性曲线，即其伏安特性曲线 $U=f(I)$ 是一条平行于 I 轴的直线。一个实用中的恒流源在一定的电压范围内，可视为一个理想的电流源。

② 一个实际的电压源（或电流源），其端电压（或输出电流）不可能不随负载而变，因它具有一定的内阻值。故在实验中，用一个小阻值的电阻（或大电阻）与稳压源（或恒流源）相串联（或并联）来模拟一个实际的电压源（或电流源）。

③ 一个实际的电源，就其外部特性而言，既可以看成是一个电压源，又可以看成是一个电流源。若视为电压源，则可用一个理想的电压源 U_S 与一个电阻 R_0 相串联的组合来表示；若视为电流源，则可用一个理想电流源 I_S 与一电导 G_0 相并联的组合来表示。如果这两种电源能向同样大小的负载供出同样大小的电流和端电压，则称这两个电源是等效的，即具有相同的外特性。

一个电压源与一个电流源等效变换的条件为：

$$\begin{cases} I_S = \dfrac{U_S}{R_0} \\ G_0 = \dfrac{1}{R_0} \end{cases} \quad 或 \quad \begin{cases} U_S = \dfrac{I_S}{G_0} \\ R_0 = \dfrac{1}{G_0} \end{cases}$$

等效变换图如图 2.21 所示。

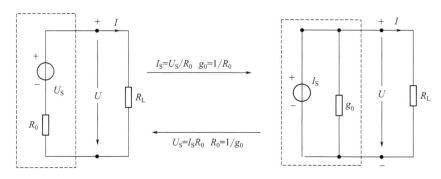

图 2.21　电压源与电流源的等效变换示意图

3. 实验设备（表2.4）

表2.4　实验设备表

序号	名称	型号与规格	数量	备注
1	可调直流稳压电源	0~30V	1	DG04
2	可调直流恒流源	0~500mA	1	DG04
3	直流数字电压表	0~200V	1	D31
4	直流数字毫安表	0~200mA	1	D31
5	万用表	—	1	自备
6	电阻器	120Ω,200Ω 510kΩ,1kΩ	—	DG09
7	可调电阻箱	0~99999.9Ω	1	DG09
8	实验线路	—	—	DG05

4. 实验内容

（1）测定直流稳压电源与实际电压源的外特性

① 按图2.22接线。U_S为+12V直流稳压电源（将R_0短接）。调节R_2，令其阻值由大至小变化，记录两表的读数，填入表2.5。

表2.5　实验记录表（1）

U/V								
I/mA								

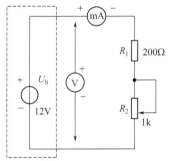
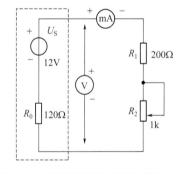

图2.22　测定直流稳压电源外特性电路　　图2.23　测定实际电压源外特性电路

② 按图2.23接线，虚线框可模拟为一个实际的电压源。调节R_2，令其阻值由大至小变化，记录两表的读数，填入表2.6。

表2.6　实验记录表（2）

U/V								
I/mA								

（2）测定电流源的外特性

按图2.24接线，I_S为直流恒流源，调节其输出为10mA，令R_0分别为1kΩ和∞（即接

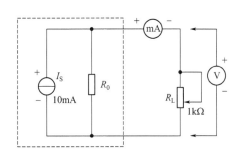

图 2.24 测定直流恒流源外特性电路

入和断开),调节电位器 R_L(从 0 至 1kΩ),测出这两种情况下的电压表和电流表的读数。自拟数据表格,记录实验数据。

(3) 测定电源等效变换的条件

先按图 2.25(a) 线路接线,记录线路中两表的读数。然后利用图 2.25(a) 中右侧的元件和仪表,按图 2.25(b) 接线。调节恒流源的输出电流 I_S,使两表的读数与 2.25(a) 时的数值相等,记录 I_S 之值,验证等效变换条件的正确性。

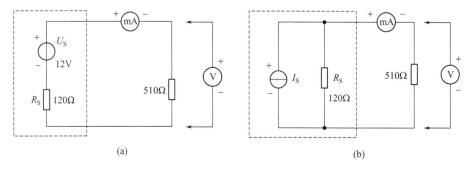

图 2.25 测定电源等效变换的条件电路

5. 实验注意事项

① 在测电压源外特性时,不要忘记测空载时的电压值,测电流源外特性时,不要忘记测短路时的电流值,注意恒流源负载电压不要超过 20V,负载不要开路。

② 换接线路时,必须关闭电源开关。

③ 直流仪表的接入应注意极性与量程。

6. 预习思考题

① 通常直流稳压电源的输出端不允许短路,直流恒流源的输出端不允许开路,为什么?

② 电压源与电流源的外特性为什么呈下降变化趋势,稳压源和恒流源的输出在任何负载下是否保持恒值?

7. 实验报告

① 根据实验数据绘出电源的四条外特性曲线,并总结、归纳各类电源的特性。

② 从实验结果,验证电源等效变换的条件。

③ 心得体会及其他。

实验 8 戴维南定理的验证

1. 实验目的

① 验证戴维南定理的正确性,加深对该定理的理解。

② 掌握测量有源二端网络等效参数的一般方法。

2. 实验原理

任何一个线性含源网络，如果仅研究其中一条支路的电压和电流，则可将电路的其余部分看作是一个有源二端网络（或称为含源一端口网络）。

戴维南定理指出：任何一个线性有源网络，总可以用一个电压源与一个电阻的串联来等效代替，此电压源的电动势 U_S 等于这个有源二端网络的开路电压 U_{oc}，其等效内阻 R_0 等于该网络中所有独立源均置零（理想电压源视为短接，理想电流源视为开路）时的等效电阻。

$U_{oc}(U_S)$ 和 R 或者 $I_{sc}(I_S)$ 和 R_0 称为有源二端网络的等效参数。

（1）开路电压、短路电流法测 R_0

在有源二端网络输出端开路时，用电压表直接测其输出端的开路电压 U_{oc}，然后再将其输出端短路，用电流表测其短路电流 I_{sc}，则等效内阻为

$$R_0 = \frac{U_{oc}}{I_{sc}}$$

如果二端网络的内阻很小，若将其输出端口短路则易损坏其内部元件，因此不宜用此法。

（2）伏安法测 R_0

用电压表、电流表测出有源二端网络的外特性曲线，如图 2.26 所示。根据外特性曲线求出斜率 $\tan\varphi$，则内阻

$$R_0 = \tan\varphi = \frac{\Delta U}{\Delta I} = \frac{U_{oc}}{I_{sc}}。$$

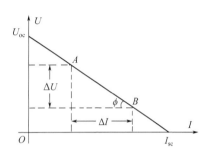

图 2.26 有源二端网络的外特性曲线

也可以先测量开路电压 U_{oc}，再测量电流为额定值 I_N 时的输出端电压值 U_N，则

$$R_0 = \frac{U_{oc} - U_N}{I_N}$$

（3）半电压法测 R_0

如图 2.27 所示，当负载电压为被测网络开路电压的一半时，负载电阻（由电阻箱的读数确定）即为被测有源二端网络的等效内阻值。

（4）零示法测 U_{oc}

在测量高内阻有源二端网络的开路电压时，用电压表直接测量会造成较大的误差。为了消除电压表内阻的影响，往往采用零示测量法，如图 2.28 所示。

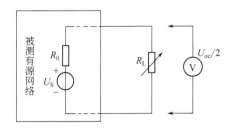

图 2.27 半电压法测 R_0 电路

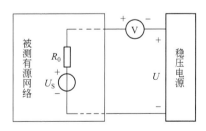

图 2.28 零示法测 U_{oc} 电路

零示法测量原理是用一低内阻的稳压电源与被测有源二端网络进行比较，当稳压电源的输出电压与有源二端网络的开路电压相等时，电压表的读数将为"0"。然后将电路断开，测

量此时稳压电源的输出电压,即为被测有源二端网络的开路电压。

3. 实验设备(表 2.7)

表 2.7 实验设备表

序号	名称	型号与规格	数量	备注
1	可调直流稳压电源	0~30V	1	DG04
2	可调直流恒流源	0~500mA	1	DG04
3	直流数字电压表	0~200V	1	D31
4	直流数字毫安表	0~200mA	1	D31
5	万用表	—	1	自备
6	可调电阻箱	0~99999.9Ω	1	DG09
7	电位器	1k/2W	1	DG09
8	戴维南定理实验电路板	—	1	DG05

4. 实验内容

被测有源二端网络如图 2.29(a)。

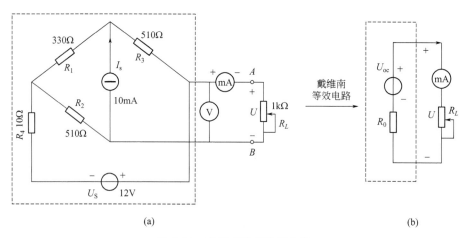

图 2.29 戴维南定理验证电路

① 用开路电压、短路电流法测定戴维南等效电路的 U_{oc}、R_0。按图 2.29(a) 接入稳压电源 $U_S=12V$ 和恒流源 $I_s=10mA$,不接入 R_L。测出 U_{oc} 和 I_{sc},并计算出 R_0,填入表 2.8。(测 U_{oc} 时,不接入毫安表。)

表 2.8 实验记录表(1)

U_{oc}/V	I_{sc}/mA	R_0/Ω

② 负载实验。按图 2.29(a) 接入 R_L。改变 R_L 阻值,测量有源二端网络的外特性曲线,填入表 2.9。

表 2.9 实验记录表(2)

U/V								
I/mA								

③ 验证戴维南定理。从电阻箱上取得按步骤①所得的等效电阻 R_0 之值，然后令其与直流稳压电源（调到步骤①时所测得的开路电压 U_{oc} 之值）相串联，如图 2.29(b) 所示，仿照步骤②测其外特性，对戴氏定理进行验证。填表 2.10。

表 2.10　实验记录表（3）

U/V									
I/mA									

④ 有源二端网络等效电阻（又称入端电阻）的直接测量法见图 2.29(a)，将被测有源网络内的所有独立源置零（去掉电流源 I_S 和电压源 U_S，并在原电压源所接的两点用一根短路导线相连），然后用伏安法或者直接用万用表的欧姆挡去测定负载 R_L 开路时 A、B 两点间的电阻，此即为被测网络的等效内阻 R_0，或称网络的入端电阻 R_i。

⑤ 用半电压法和零示法测量被测网络的等效内阻 R_0 及其开路电压 U_{oc}，线路及数据表格自拟。

5. 实验注意事项

① 测量时应注意电流表量程的更换。

② 步骤④中，电压源置零时不可将稳压源短接。

③ 用万用表直接测 R_0 时，网络内的独立源必须先置零，以免损坏万用表。其次，欧姆挡必须经调零后再进行测量。

④ 用零示法测量 U_{oc} 时，应先将稳压电源的输出调至接近于 U_{oc}，再按图 2.28 测量。

⑤ 改接线路时，要关掉电源。

6. 预习思考题

① 在求戴维南等效电路时，作短路试验，测 I_{sc} 的条件是什么？在本实验中可否直接作负载短路实验？请实验前对线路 2.29(a) 预先作好计算，以便调整实验线路及测量时可准确地选取电表的量程。

② 说明测有源二端网络开路电压及等效内阻的几种方法，并比较其优缺点。

7. 实验报告

① 根据步骤②、③、④，分别绘出曲线，验证戴维南定理正确性，并分析产生误差的原因。

② 归纳总结实验结果。

③ 心得体会及其他。

习题

2-1　简答题

1. KCL 定律、KVL 定律以及支路电流法、叠加定理、戴维南定理中哪些只适用于线性电路而不使用于非线性电路？

2. 在工程实际上，如果有源二端网络允许短路，则可用实验方法测出它的开路电压和短路电流，即可求得有源二端网络的电压源模型的理想电压源电压 U_S 和内阻 R_0。试说明其原理。

3. 在用实验方法求有源二端网络的等效内阻 R_0 时，如果输出端不允许短路，则可在输出端接一已知阻值的电阻，测出电流后即可算出等效内阻 R_0。试说明其原理。

2-2 选择题

1. 电路如题图 2.1 所示，a、b 端的等效电阻等于（　　）。

A. 5Ω　　　　B. 5.2Ω　　　　C. 10Ω　　　　D. 20Ω

2. 电路如题图 2.2 所示，a、b 端的等效电阻等于（　　）。

A. 1Ω　　　　B. 2Ω　　　　C. 3Ω　　　　D. 40Ω

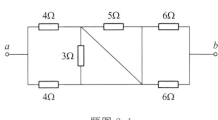

题图 2.1

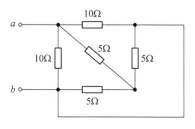

题图 2.2

3. 电路如题图 2.3 所示，a、b 端的等效电路为（　　）。

A. $2A$，4Ω　　　　B. $-2A$，8Ω

C. $4A$，4Ω　　　　D. $-4A$，8Ω

4. 电路如题图 2.4 所示，a、b 端的电压 U_{ab} 等于（　　）。

A. $5V$　　　　B. $6V$　　　　C. $7V$　　　　D. $8V$

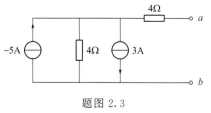

题图 2.3

5. 电路如题图 2.5 所示，电压 U 等于（　　）。

A. $20V$　　　　B. $30V$　　　　C. $40V$　　　　D. $50V$

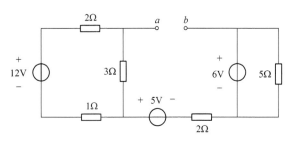

题图 2.4

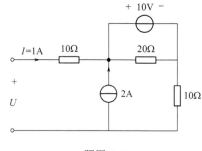

题图 2.5

6. 理想电压源和理想电流源间（　　）。

A. 有等效变换关系　　B. 没有等效变换关系　　C. 有条件下的等效变换关系

7. 如题图 2.6 所示电路中，用一个等效电源代替，应该是一个（　　）。

A. 2A 的理想电流源　B. 2V 的理想电压源　　C. 不能代替，仍为原电路

8. 如题图 2.7 所示电路中，用一个等效电源代替，应该是一个（　　）。

A. 2A 的理想电流源　B. 2V 的理想电压源　　C. 不能代替，仍为原电路

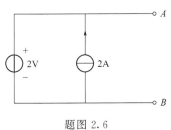
题图 2.6

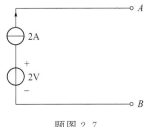
题图 2.7

2-3 计算题

1. 电路如题图 2.8 所示。求电路 AB 间的等效电阻 R_{AB}。

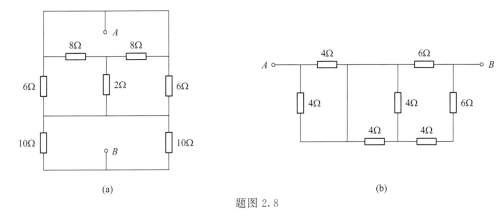

题图 2.8

2. 电路如题图 2.9 所示，试用节点法求电流 i。

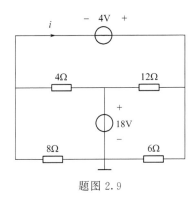

题图 2.9

3. 电路如题图 2.10 所示，已知 $U_{S1}=24\text{V}$，$I_{S2}=1.5\text{A}$，$R_1=200\Omega$，$R_2=100\Omega$。应用

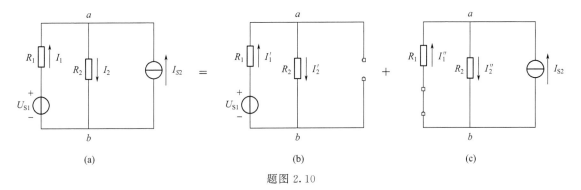

题图 2.10

叠加定理计算各支路电流。

4. 用戴维南定理计算题图 2.11 所示电路中电阻 R 的电流。

5. 如题图 2.12 所示电路。已知 $U_S=3V$，$I_S=2A$，求 U_{AB} 和 I。

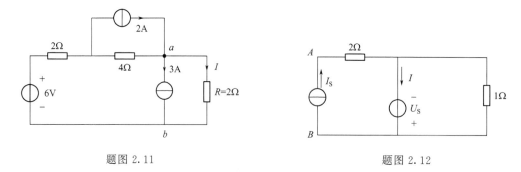

题图 2.11　　　　　　　　　题图 2.12

6. 电路如题图 2.13 所示，求 $3k\Omega$ 电阻上的电压 U。

7. 电路如题图 2.14 所示，试求：（1）该电路的戴维南等效电路；（2）负载 R 为何值时能获得最大功率？最大功率是多少？

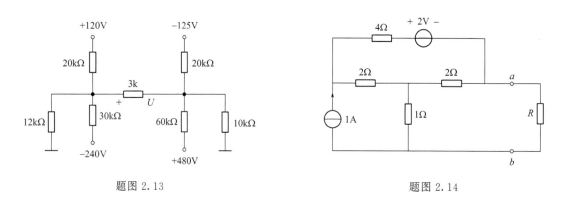

题图 2.13　　　　　　　　　题图 2.14

8. 如题图 2.15 电路所示，用电源等效变换法求图示电路中的电流 I_2。

9. 如题图 2.16 电路所示，各支路电流的正方向如图所示，列写出用支路电流法，求解各未知支路电流时所需要的独立方程。

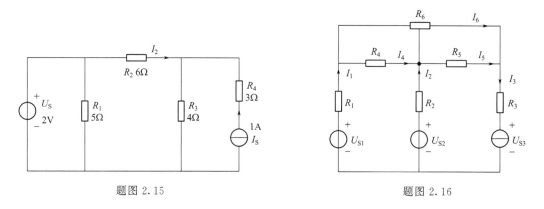

题图 2.15　　　　　　　　　题图 2.16

10. 如题图 2.17 所示电路中，已知：$R_1=R_2=3\Omega$，$R_3=R_4=6\Omega$，$U_s=27V$，$I_s=3A$。用叠加原理求各未知支路电流。

11. 如题图 2.18 示电路中，已知：$U_{S1}=18V$，$U_{S2}=12V$，$I=4A$。用戴维宁定理求电压源 U_S 等于多少？

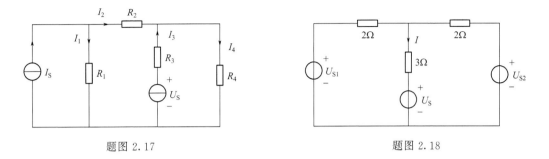

题图 2.17　　　　　　　　　　　　题图 2.18

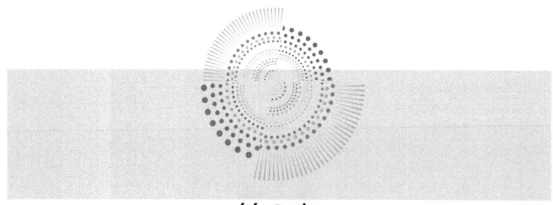

第3章
正弦交流电路

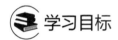 学习目标

① 掌握正弦交流电路的基本概念，正弦量的表示方法。
② 掌握 R、L、C 三种元件的电压、电流的关系；掌握 RLC 串联和 RL 与 C 并联电路的相量分析法；了解用相量分析法分析复杂电路。
③ 掌握正弦交流电路中的功率计算，熟悉功率因数的提高的方法。了解正弦交流电路负载获得最大功率的条件。
④ 了解谐振现象的研究意义；掌握串、并联谐振条件、主要特点及典型应用。

3.1 正弦量的三要素

在正弦交流电路中，电压和电流的大小和方向随时间按正弦规律变化。凡按照正弦规律变化的电压、电流等，统称为正弦量。

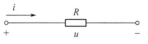

图 3.1 正弦交流电路参考方向

图 3.1 是一段正弦交流电路，电流 i 在图示参考方向下，其数学表达式为

$$i = I_m \sin(\omega t + \phi_i)$$

式中，I_m 为振幅，ω 为角频率，ϕ_i 为初相位，正弦量的变化取决于以上三个量，通常把 I_m、ω、ϕ_i，即振幅、角频率、初相位称为正弦量的三要素。

3.1.1 频率与周期

正弦量完整变化一周所需的时间（如图 3.2 所示）称为周期 T。单位是 s（秒），每秒内变化的周数称为频率，用字母 f 表示，单位是赫兹（Hz）。我国采用 50Hz 作为电力标准频率，又称工频。频率和周期互为倒数关系：

$$f = \frac{1}{T}$$

ω 称为正弦电流 i 的角频率，单位是 rad/s（弧度每秒）

$$\omega = \frac{2\pi}{T} = 2\pi f$$

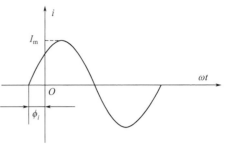

图 3.2 正弦交流电波形图

从式中可以看出角频率与频率之间是 2π 的倍数关系，有时我们也把振幅、频率、初相位称为正弦量的三要素。

3.1.2 振幅和有效值

正弦量的大小和方向随时间周期性的变化，最大幅值称为振幅，也叫最大值，图 3.2 所示为电流的正弦波形，一般用 I_m、U_m 来表示电流、电压的最大值。

下面分析正弦量的有效值。

在图 3.3 中有两个相同的电阻 R，其中一个电阻通以交流电流 i，另一个电阻通以直流电流 I，在一个周期内电阻消耗的电能分别为

$$W_{交} = \int_0^T Ri^2 \mathrm{d}t, \quad W_{直} = RI^2 T$$

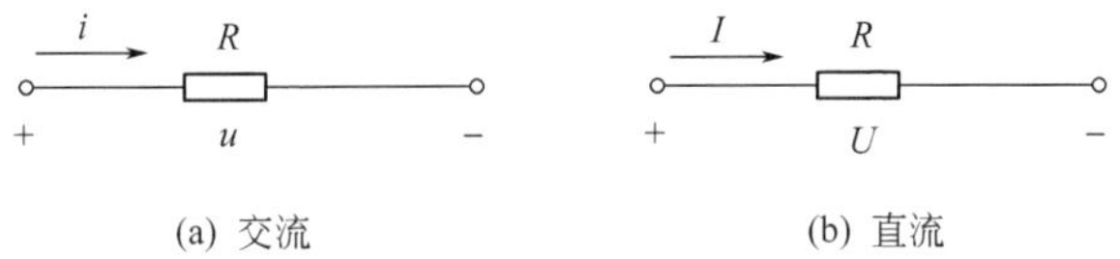

(a) 交流 (b) 直流

图 3.3 电阻中的电流和电压

令消耗的电能相等，即 $W_{交} = W_{直}$，则

$$RI^2 T = \int_0^T Ri^2 \mathrm{d}t$$

$$I = \sqrt{\frac{1}{T}\int_0^T Ri^2 \mathrm{d}t}$$

式中，I 称为交流电流 i 的有效值，又称方均根值。

当交流电流为正弦量时，$i = I_m \sin(\omega t + \phi_i) \mathrm{A}$（令 $\phi_i = 0$），则

$$I = \sqrt{\frac{1}{T}\int_0^T Ri^2 \mathrm{d}t} = \sqrt{\frac{1}{T}\int_0^T I_m^2 \sin^2 \omega t \, \mathrm{d}t} = \frac{I_m}{\sqrt{2}}$$

$$I_m = \sqrt{2}\, I$$

同理 $\qquad U_m = \sqrt{2}\, U$

得到正弦量最大值（振幅）是有效值的 $\sqrt{2}$ 倍。

3.1.3 相位、初相、相位差

正弦量一般表示为：
$$a = A_m \sin(\omega t + \phi)$$

当 $t=0$ 时，ϕ 称为初相。

假定有两个同频率的正弦量 u，i，且
$$u = U_m \sin(\omega t + \phi_u)$$
$$i = I_m \sin(\omega t + \phi_i)$$

它们的相位差 ϕ 为
$$\phi = (\omega t + \phi_u) - (\omega t + \phi_i) = \phi_u - \phi_i$$

此式表明，相位差 ϕ 与计时起点无关，是一个定数。

当 $\phi > 0$ 时，反映出电压 u 的相位超前电流 i 的相位一个角度 ϕ，简称电压 u 超前电流 i，如图 3.4(a) 所示。

当 $\phi = 0$ 时，电压 u 和电流 i 同相位，如图 3.4(b) 所示。

当 $\phi = \dfrac{\pi}{2}$ 时，称为正交，如图 3.4(c) 所示。

当 $\phi = \pi$ 时，称为反相，如图 3.4(d) 所示。

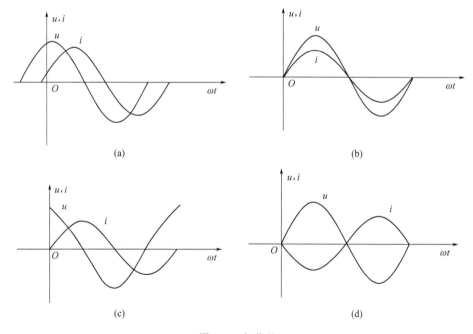

图 3.4 相位差

3.2 正弦量的相量表示法

用相量来表示相对应的正弦量称为相量表示法，由于相量本身就是复数，下面将对复数

及其运算进行简要的复习。

3.2.1 复数及其运算

一个复数 A 可用下面四种形式来表示。

1. 代数式

如图 3.5 所示：
$$A = a_1 + ja_2$$
$j = \sqrt{-1}$ 为虚单位。

2. 三角函数式

令复数 A 的模 $|A|$ 等于 a，其值为正。ϕ 角是复数 A 的辐角。
$$A = a(\cos\phi + j\sin\phi)$$

式中，$a = \sqrt{a_1^2 + a_2^2}$，$\tan\phi = \dfrac{a_2}{a_1}$，$\phi = \arctan\dfrac{a_2}{a_1}$。

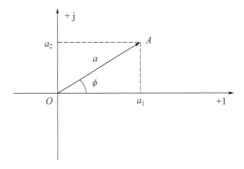

图 3.5 复数的图形表示

3. 指数式

根据欧拉公式：$e^{j\phi} = \cos\phi + j\sin\phi$，有
$$A = a e^{j\phi}$$

4. 极坐标式
$$A = a \angle \phi$$

极坐标式是复数指数式的简写，以上讨论的复数四种表示形式可以相互转换。在一般情况下，复数的加减运算用代数式进行。

设有复数
$$A = a_1 + ja_2, \quad B = b_1 + jb_2$$

则
$$A \pm B = (a_1 \pm b_1) + j(a_2 \pm b_2)$$

复数的加减运算也可在复平面上用平行四边形法则作图完成，如图 3.6 所示。

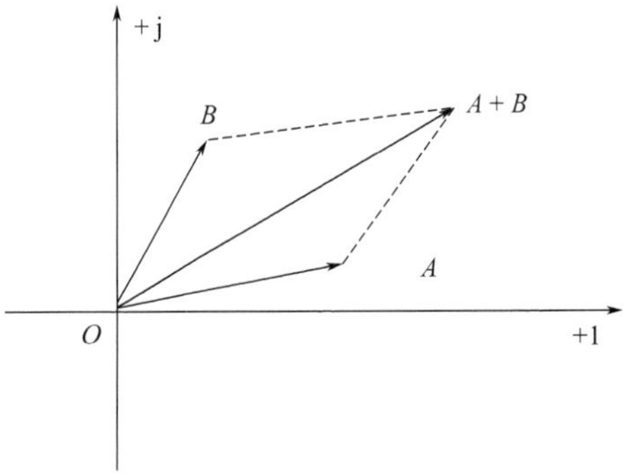

在一般情况下，复数的乘除运算用指数式或极坐标式进行。

设有复数
$$A = a e^{j\phi_a}, \quad B = b e^{j\phi_b}$$

则
$$A \cdot B = a\angle\phi_a \cdot b\angle\phi_b = a \cdot b \angle(\phi_a + \phi_b)$$
$$\frac{A}{B} = \frac{a\angle\phi_a}{b\angle\phi_b} = \frac{a}{b}\angle(\phi_a - \phi_b)$$

图 3.6 复数的加法运算

复数相乘除的几何意义如图 3.7 所示。

把模等于 1 的复数如 $e^{j\phi}$、$e^{j\frac{\pi}{2}}$、$e^{j\pi}$ 等称为旋转因子，例如把任意复数 A 乘以 $j(e^{j\frac{\pi}{2}} = j)$，

就等于把复数 A 在复平面上逆时针旋转 $\frac{\pi}{2}$，如图 3.8 所示，表示为 jA，故 j 称为旋转因子。

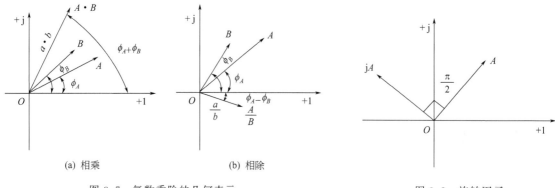

图 3.7　复数乘除的几何表示　　　　　　图 3.8　旋转因子

3.2.2　相量

对于任意一个正弦量，都能找到一个与之相对应的复数，由于这个复数与一个正弦量相对应，把这个复数称作相量。在大写字母上加一点来表示正弦量的相量。如电流、电压，最大值相量符号为 $\dot{I}_m$、$\dot{U}_m$，有效值相量符号为 $\dot{I}$、$\dot{U}$。

通过图 3.9 来分析。图中有复数 $I_m\angle\phi_i$，以不变的角速度 ω 旋转，在纵轴上的投影等于 $I_m\sin(\omega t+\phi_i)$。

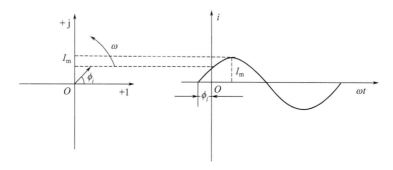

图 3.9　正弦量与相位对应关系示意图

即正弦电流 i 等于复数 $I_m e^{j\phi_i} \cdot e^{j\omega t}=I_m\cos(\omega t+\phi_i)+jI_m\sin(\omega t+\phi_i)$ 的虚部。当复数 $I_m e^{j\phi_i}$ 确定时，复数 $I_m e^{j\phi_i} \cdot e^{j\omega t}$ 也就相应确定了。因为 $e^{j\omega t}$ 是旋转因子，其中 ω 是不变的，如图 3.9 所示。所以当复数 $I_m e^{j\phi_i}$ 确定了，就能确定对应的正弦量 $i=I_m\sin(\omega t+\phi_i)$，从而建立了复数 $I_m e^{j\phi_i}$ 与正弦量 $i=I_m\sin(\omega t+\phi_i)$ 之间相互对应的关系，这个复数就是我们要找的，称为相量，记为 $\dot{I}_m=I_m\angle\phi_i$ 或 $\dot{I}=I\angle\phi_i$。

下面我们通过例子来分析如何把正弦量的运算转换为复数的代数运算。

例 3.1　设已知两个正弦电流分别为

$$i_1=70.7\sin(314t-30°)\text{A}$$
$$i_2=60\sin(314t+60°)\text{A}$$

求：$i=i_1+i_2$

解：同频率正弦量的相加（或相减）所得的和（或差）仍是一个频率相同的正弦量，可以证明（略去），当用相量表示正弦量时，同频率正弦量的相加（或相减）运算转换成对应的相量相加（或相减）的运算。用相量来表示 i，i_1，i_2：

$$\dot{I}_m = I_m \angle \theta, \quad \dot{I}_{1m} = 70.7 \angle -30°, \quad \dot{I}_{2m} = 60 \angle 60°$$

把正弦量的运算转换成对应的相量代数运算，有

$$\dot{I}_m = \dot{I}_{1m} + \dot{I}_{2m}$$

也可表示为 $\quad\dot{I} = \dot{I}_1 + \dot{I}_2 \quad (\dot{I}_m = \sqrt{2}\dot{I})$

因 $\quad \dot{I}_1 = \dfrac{70.7}{\sqrt{2}} \angle -30° = 43.3 - j25, \quad \dot{I}_2 = \dfrac{60}{\sqrt{2}} \angle 60° = 21.2 + j36.8$

故 $\quad \dot{I} = \dot{I}_1 + \dot{I}_2 = 64.5 + j11.8 = 65.5 \angle 10.37°$

通过 $\dot{I}$ 写出对应的正弦量 i：

$$i = 65.5\sqrt{2}\sin(314t + 10.37°)\mathrm{A} = 92.7\sin(314t + 10.37°)\mathrm{A}$$

通过上面的例子，可以得到以下几点结论：

① 只有对同频率的正弦量，才能应用对应的相量来进行代数运算。

② 在应用相量分析法时，先将正弦量变换为对应的相量，通过复数的代数运算求得所求正弦量对应的相量，再由该相量写出对应的正弦量的瞬时值表达式。

3.3 单一参数的正弦交流电路

由电阻、电感、电容单个元件组成的正弦交流电路，是最简单的交流电路。下面将分别对电阻、电感、电容元件的电压、电流关系进行讨论。

3.3.1 纯电阻电路

在正弦交流电路中，假定在任一瞬时电压 u_R 和电流 i_R 在关联参考方向下，如图 3.10 所示。

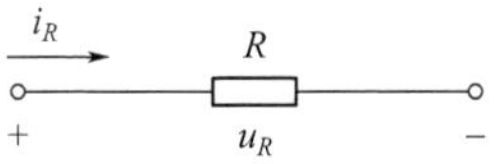

设电阻中流过的正弦电流为

$$i_R = \sqrt{2}I_R\sin(\omega t + \phi_i)$$

根据欧姆定律，有

$$u_R = Ri_R = \sqrt{2}RI_R\sin(\omega t + \phi_i) = \sqrt{2}U_R\sin(\omega t + \phi_u)$$

图 3.10 电压、电流关联参考方向

从上式看出 u_R、i_R 正弦量频率相同，相位相同。

$\phi = 0$ 时，可用图 3.11 表示，并得到电压与电流有效值之间的正比关系：

$$U_R = RI_R$$

下面用相量来分析，如图 3.12 所示。电阻的电流、电压相量形式分别为

$$\dot{I}_R = I_R \angle \phi_i$$

$$\dot{U}_R = U_R \angle \phi_u$$

$$\dot{U}_R = R\dot{I}_R = RI_R\angle\phi_i$$

同样得到 $U_R = RI_R$, $\phi_u = \phi_i$

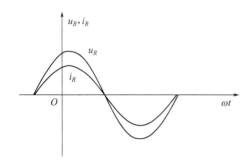

图 3.11 u_R、i_R 的关系

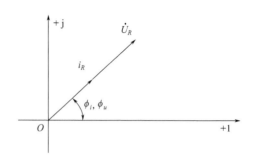

图 3.12 电阻的电压、电流相量的关系

3.3.2 纯电感电路

假定在任一瞬时，电压 u_L 和电流 i_L 在关联参考方向下（图 3.13），设正弦电流为

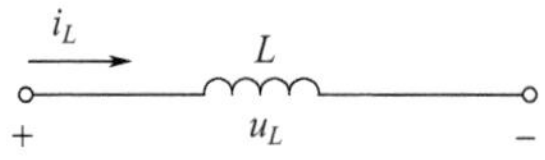

$$i_L = \sqrt{2}I_L\sin(\omega t + \phi_i)$$

图 3.13 电感元件电压、电流关联参考方向

根据关系式 $u_L = L\dfrac{\mathrm{d}i_L}{\mathrm{d}t}$，有

$$u_L = \sqrt{2}\omega LI_L\sin\left(\omega t + \phi_i + \frac{\pi}{2}\right) = \sqrt{2}U_L\sin(\omega t + \phi_u)$$

得到电压和电流是同频率的正弦量，对电感来说，电压超前电流 $\dfrac{\pi}{2}$，如图 3.14 所示，即

$$\phi_u = \phi_i + \frac{\pi}{2}$$

通过上面的电压 u_L 关系式，有

$$U_L = \omega LI_L = X_LI_L$$

$$X_L = \frac{U_L}{I_L} = \omega L = 2\pi fL$$

式中 X_L 称为感抗，感抗与频率成正比。当频率的单位是 Hz、电感的单位是 H 时，感抗的单位为 Ω。

在图 3.15 中，电感的电压、电流相量分别为

$$\dot{I}_L = I_L\angle\phi_i$$

$$\dot{U}_L = \omega LI_L\angle\phi_i + \frac{\pi}{2} = \omega L\angle\frac{\pi}{2}\cdot I_L\angle\phi_i = \mathrm{j}\omega L\dot{I}_L$$

得到电感元件伏安关系的向量形式，电感两端的电压超前电感元件中的电流 $\dfrac{\pi}{2}$。

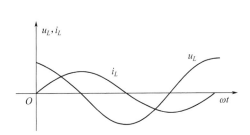

图 3.14 电感元件，电压超前电流 $\dfrac{\pi}{2}$

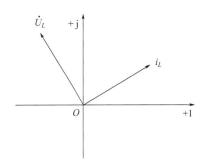

图 3.15 电感元件的电压、电流相量

3.3.3 纯电容电路

假定在任一瞬时，电容元件通过的电流 i_C 与电容元件两端的电压 u_C 在关联参考方向下，如图 3.16 所示。

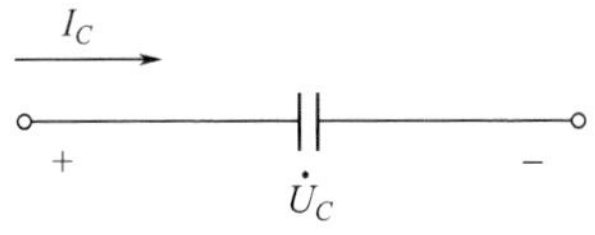

设电压 $\quad u_c = \sqrt{2} U_C \sin(\omega t + \phi_u)$

根据关系式 $\quad i_C = C \dfrac{\mathrm{d}u_C}{\mathrm{d}t}$

图 3.16 电容元件电压、电流关联参考方向

得 $\quad i_C = \sqrt{2}\,\omega C U_C \sin\left(\omega t + \phi_u + \dfrac{\pi}{2}\right) = \sqrt{2} I_C \sin(\omega t + \phi_i)$

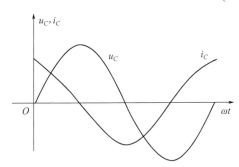

图 3.17 u_C、i_C 波形关系

得到电压和电流是同频率的正弦量。对电容来说，电流超前电压 $\dfrac{\pi}{2}$，如图 3.17 所示，$\phi_i = \phi_u + \dfrac{\pi}{2}$，电流 i_c 与电压 u_C 的关系为

$$I_C = \omega C U_C$$

$$\dfrac{U_C}{I_C} = \dfrac{1}{\omega c} = \dfrac{1}{2\pi f c} = X_C$$

式中，X_C 称为容抗，容抗与频率成反比。当频率的单位是 Hz，电容的单位是 F 时，容抗的单位为 Ω。

设电容的电压、电流相量分别为

$$\dot{U}_C = U_C \angle \phi_u$$

$$\begin{aligned}\dot{I}_C &= \omega C U_C \angle \phi_u + \dfrac{\pi}{2} \\ &= \omega C \angle \dfrac{\pi}{2} \cdot U_C \angle \phi_u = \mathrm{j}\omega C \dot{U}_C\end{aligned}$$

即

$$\dot{U}_C = -\mathrm{j}\dfrac{1}{\omega C} \dot{I}_C = -\mathrm{j} X_C \dot{I}_C$$

得到电容元件伏安关系的相量形式，电容中的电流超前电容元件两端的电压 $\dfrac{\pi}{2}$，如图 3.18 所示。

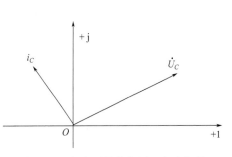

图 3.18 电容元件的电压、电流相量

3.4 正弦交流电路分析

3.4.1 基尔霍夫定律的相量形式

分析交流电路的基本依据依然是基尔霍夫两个定律。

对于正弦交流电路的任一节点，满足 KCL，即

$$\sum \dot{I} = 0$$

对于正弦交流电路的任一回路，满足 KVL，即

$$\sum \dot{U} = 0$$

注意：正弦交流电路中只有瞬时值和相量满足 KCL 和 KVL，因为它们可同时反映电压与电流大小关系和相位关系，而最大值和有效值只能反映大小关系，故不满足基尔霍夫定律。

3.4.2 阻抗

1. 定义及计算

在正弦交流电路中，电压相量与电流相量的比值，称为阻抗，用 Z 表示，即

$$Z = \frac{\dot{U}}{\dot{I}} = \frac{U}{I} \angle \phi_u - \phi_i = |Z| \angle \phi$$

阻抗模　　　$|Z| = \dfrac{U}{I}$

阻抗角　　　$\phi = \phi_u - \phi_i$

阻抗模与阻抗角的大小取决于电路的结构及参数。

式 $\dot{U} = Z\dot{I}$ 称为欧姆定律的相量形式。

在 RLC 串联电路中（图 3.19），设电流相量 $\dot{I} = I \angle \phi_i$，则

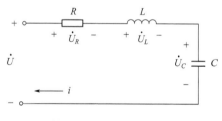

图 3.19　RLC 串联电路

$$\dot{U}_R = R\dot{I}, \quad \dot{U}_L = j\omega L \dot{I}, \quad \dot{U}_C = \frac{1}{j\omega C}\dot{I}$$

总电压相量　　$\dot{U} = \dot{U}_R + \dot{U}_L + \dot{U}_C = R\dot{I} + j\omega C\dot{I} + \dfrac{1}{j\omega C}\dot{I} = \left[R + j\left(\omega L - \dfrac{1}{\omega C}\right)\right]\dot{I}$

故阻抗　　　$Z = R + j\left(\omega L - \dfrac{1}{\omega C}\right) = R + j(X_L - X_C) = R + jX$

阻抗的实部是电阻 R，虚部是电抗 X。注意：阻抗虽然是复数，但它不与正弦量相对应，故不是相量。则阻抗模 $|Z|$ 和阻抗角 ϕ 为：

$$|Z| = \sqrt{R^2 + X^2} = \sqrt{R^2 + (X_L - X_C)^2}$$

$$\phi = \arctan \frac{X}{R} = \arctan \frac{X_L - X_C}{R}$$

当 $X_L > X_C$ 时，$X > 0$，$\phi > 0$，电压相量超前于电流相量，电路呈感性，相量图如图 3.20。

当 $X_L < X_C$ 时，$X < 0$，$\phi < 0$，电压相量滞后于电流相量，电路呈容性，相量图如图 3.21。

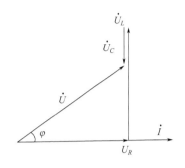

图 3.20 相量图（1）

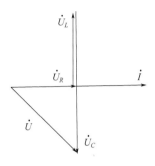

图 3.21 相量图（2）

当 $X_L = X_C$ 时，$X < 0$，$\phi = 0$，$Z = R$，电压与电流同相，电路呈电阻性，相量图如图 3.22。

阻抗还可用阻抗三角形来表示，如图 3.23 所示。

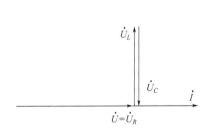

图 3.22 相量图（3）

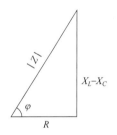

图 3.23 阻抗三角形

例 3.2 已知在图 3.24 中，第一只电压表读数为 20V，第二只电压表读数为 80V，第三只电压表读数为 100V，求电路的端电压有效值。

解： $U_R = 20$V，$U_L = 80$V，$U_C = 100$V。

则 $U = \sqrt{U_R^2 + (U_L - U_C)^2} = \sqrt{20^2 + 20^2} = 20\sqrt{2} \approx 28.3$(V)

端电压有效值等于 28.3V。注意：$U \neq U_R + U_L + U_C$，而应该是 $\dot{U} = \dot{U}_R + \dot{U}_L + \dot{U}_C$，即相量相加。

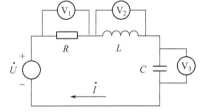

图 3.24 例 3.2 图

例 3.3 在 RLC 串联电路中，已知 $R = 20\Omega$，$L = 40$mH，$C = 50\mu$F，电源电压 $u_S = 200\sqrt{2}\sin(1000t + 30°)$V。求电流 i、电压 $\dot{U}_L$。

解：

$$X_L = \omega L = 1000 \times 40 \times 10^{-3} = 40(\Omega)$$

$$X_C = \frac{1}{\omega C} = \frac{1}{1000 \times 50 \times 10^{-6}} = 20(\Omega)$$

电路的阻抗 $Z = R + j(X_L - X_C) = 20 + j20 = 20\sqrt{2}\underline{/45°}(\Omega)$

电源电压相量 $\dot{U}_S = 200\angle 30°\,(\text{V})$

根据交流电路欧姆定律，电流相量

$$\dot{I} = \frac{\dot{U}_S}{Z} = \frac{200\angle 30°}{20\sqrt{2}\angle 45°} = 5\sqrt{2}\angle -15°\,(\text{A})$$

故 $i = 10\sin(1000t - 15°)\,\text{A}$

电感上电压相量 $\dot{U}_L = jX_L\dot{I} = j40\times 5\sqrt{2}\angle -15° = 200\sqrt{2}\angle 75°\,(\text{V})$

2. 阻抗的串联与并联

阻抗的串联和并联的分析方法与电阻的串联和并联的分析方法相同。

在图 3.25 中，有 n 个阻抗串联，等效阻抗 Z 等于 n 个串联的阻抗之和：

$$Z = Z_1 + Z_2 + \cdots + Z_n$$

推导过程与电阻的串联相同。

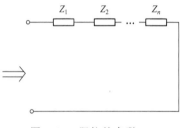

图 3.25 阻抗的串联

在图 3.26 中，有 n 个阻抗并联，等效阻抗 Z 的倒数等于 n 个并联的阻抗倒数之和：

$$\frac{1}{Z} = \frac{1}{Z_1} + \frac{1}{Z_2} + \cdots + \frac{1}{Z_n}$$

推导过程与电阻的并联相同。

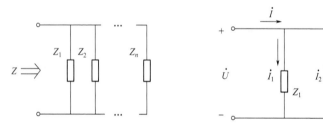

图 3.26 阻抗的并联　　图 3.27 两阻抗的并联

在两个阻抗并联的情况下（如图 3.27 所示），有如下关系式：

等效阻抗：

$$Z = \frac{Z_1 Z_2}{Z_1 + Z_2}$$

电流分配关系：

$$\dot{I}_1 = \frac{Z_2}{Z_1 + Z_2}\dot{I},\quad \dot{I}_2 = \frac{Z_1}{Z_1 + Z_2}\dot{I}$$

3.4.3 谐振电路

含有电阻、电感和电容的电路，若电压与电流相位相同，称电路发生谐振。

1. 串联谐振

在 RLC 串联电路中，若 $X_L = X_C$，即 $\omega = \dfrac{1}{\sqrt{LC}}$，电压与电流同相，电路发生谐振。也

就是说，RLC 串联电路的谐振条件为

$$\omega = \omega_0 = \frac{1}{\sqrt{LC}}$$

ω_0 称为电路的固有谐振角频率，它由元件参数 L、C 确定，当电源的频率与电路的固有频率相等时，电路发生谐振。

电路谐振时，阻抗 $Z=R$，达到最小值，电流 $\dot{I}_0 = \frac{\dot{U}_S}{Z} = \frac{\dot{U}_S}{R}$，达到最大值，此时电感和电容上的电压有效值相等，且可达到电源电压的几十倍到一百几十倍。电子和通信工程中，常用串联谐振电路来放大电压信号，电力工程中则需避免发生谐振，以免因过高电压损坏电气设备。

2. 并联谐振

RLC 并联电路中，阻抗为

$$Z = \frac{1}{\frac{1}{R} + \frac{1}{j\omega L} + \frac{1}{-j\frac{1}{\omega C}}} = \frac{1}{\frac{1}{R} + j\left(\frac{1}{\omega L} - \omega C\right)}$$

当 $\frac{1}{\omega L} = \omega C$，即 $\omega = \frac{1}{\sqrt{LC}}$ 时，电压与电流同相，电路发生谐振。也就是说，RLC 并联电路的谐振条件为

$$\omega = \omega_0 = \frac{1}{\sqrt{LC}}$$

当电源的频率与电路的固有频率相等时，电路发生谐振。并联谐振时，阻抗 $Z=R$，达到最大值；此时电感和电容支路的电流可达到电源电流的几十倍到一百几十倍。

3.5 正弦交流电路的功率

下面对正弦交流电路的功率进行分析讨论，图 3.28 所示为无源二端网络。

3.5.1 有功功率

在正弦交流电路中，电压 u 和电流 i 的参考方向如图 3.28 所示，都是同频率的正弦量。

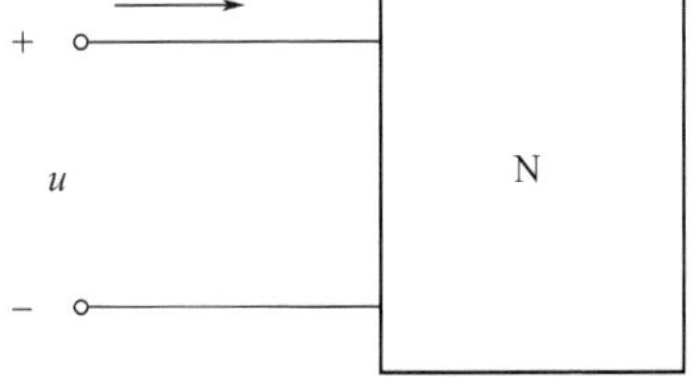

设电压 $u = \sqrt{2} U \sin\omega t$

电流 $i = \sqrt{2} I \sin(\omega t - \phi)$

瞬时功率 $p = ui = \sqrt{2} U \sin\omega t \cdot \sqrt{2} I \sin(\omega t - \phi)$
      $= IU[\cos\phi - \cos(2\omega t - \phi)]$

图 3.28 无源二端网络

有功功率也就是平均功率 P，也就是瞬时功率在一个周期的平均值。则

$$P = \frac{1}{T}\int_0^T p\,\mathrm{d}t = \frac{1}{T}\int_0^T IU[\cos\phi - \cos(2\omega t - \phi)]\mathrm{d}t = UI\cos\phi = UI\lambda$$

可以看出，正弦交流电路的有功功率不但与电压、电流的有效值有关，还与电压与电流相位差的余弦有关。$\lambda = \cos\phi$ 称为电路的功率因数。

对电阻元件 R，$\phi = 0$，$P_R = U_R I_R = I_R^2 R \geqslant 0$；

对电感元件 L，$\phi = \dfrac{\pi}{2}$，$P_L = U_L I_L \cos\dfrac{\pi}{2} = 0$；

对电容元件 C，$\phi = -\dfrac{\pi}{2}$，$P_C = U_C I_C \cos\left(-\dfrac{\pi}{2}\right) = 0$。

可见，在正弦交流电路中，电感、电容元件实际不消耗电能，而电阻总是消耗电能的。

通过以上的分析可知：无源二端网络中，有功功率是各电阻所消耗的有功功率之和。有功功率的单位是 W（瓦）。

3.5.2 无功功率

无功功率 Q 定义为

$$Q = UI\sin\phi$$

由于电路中存在的电感、电容元件实际不消耗能量，而只有电源与电感、电容元件间的能量互换，这种能量交换规模的大小，我们用无功功率 Q 来表示。无功功率的单位是 var（乏）。

对单个电感元件：$\phi = \dfrac{\pi}{2}$，$Q_L = U_L I_L \sin\dfrac{\pi}{2} = U_L I_L > 0$。

对单个电容元件：$\phi = -\dfrac{\pi}{2}$，$Q_C = U_C I_C \sin\left(-\dfrac{\pi}{2}\right) = -U_C I_C < 0$。

即电感性无功功率取正值，而电容性无功功率取负值。

3.5.3 视在功率

视在功率 S 定义为

$$S = UI$$

在交流电路中，平均功率一般不等于电压与电流有效值的乘积，如将两者的有效值相乘，则得到视在功率 S，即 $S = UI = |Z|I^2$，单位是 V·A（伏安）。

在一般情况下，我们规定了电气设备使用时的额定电压 U_N 和额定电流 I_N，我们把 $S_N = U_N I_N$ 称为电气设备的容量，也就是额定视在功率。

根据上面对有功功率 P 和无功功率 Q、视在功率 S 的分析，得到下式：

$$S^2 = P^2 + Q^2$$

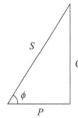

图 3.29 功率三角形

图 3.29 所示图形称为功率三角形。

例 3.4 一台功率 $P = 1.1\text{kW}$ 的感应电动机，接在 220V、50Hz 的电路中，电动机需要的电流为 10A。求：

(1) 电动机的功率因数。

(2) 若在电动机的两端并联一只 $C = 79.5\mu\text{F}$ 的电容，如图 3.30 所示，电路的功率因数为多少？

解：

(1) $P = UI\cos\phi$，电动机的功率因数 $\cos\phi = \dfrac{P}{UI} = \dfrac{1.1 \times 1000}{220 \times 10} = 0.5$

(2) 在并联电容前，$\dot{I}_1 = \dot{I}$；在并联电容后，$\dot{I} = \dot{I}_1 + \dot{I}_C$。

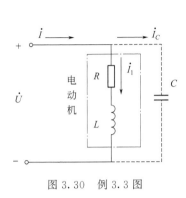

图 3.30　例 3.3 图

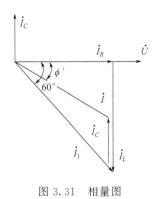

图 3.31　相量图

以电压 $\dot{U}$ 为参考相量，画出电流相量图，如图 3.31 所示。

$$I_C = \dfrac{U}{X_C} = \omega C U = 314 \times 220 \times 79.5 \times 10^{-6} = 5.5 \text{(A)}$$

$$I_L = 10\sin 60° = 8.66 \text{(A)}$$

$$I_R = 10\cos 60° = 5 \text{(A)}$$

$$\tan\phi' = \dfrac{I_L - I_C}{I_R} = \dfrac{3.16}{5}, \quad \phi' = 32.3°$$

$$\cos\phi' = \cos 32.3° = 0.844$$

可见电动机在并联电容后，整个电路的功率因数从 0.5 提高到 0.844。

注意：电动机本身的功率因数没有改变；我们可以通过并联电容，减小阻抗角来提高整个电路的功率因数。

本章小结

本章需着重掌握和理解的几个问题：

1. 正弦量的三要素：把振幅、频率、初相称为正弦量的三要素。

2. 相位差 ϕ：相位差是两个同频率正弦量的初相之差，一般表示为电压和电流之间的初相之差。

3. 正弦量与相量之间是相互对应的关系，不是相等的关系，正弦量的运算可转换成对应的相量运算；在相量运算中，可借助向量图分析，以简化计算。

4. RLC 串联电路谐振的条件、特征：在 RLC 串联电路中，若 $X_L = X_C$，即 $\omega = \dfrac{1}{\sqrt{LC}}$，电压与电流同相，电路发生谐振，谐振频率 $\omega = \omega_0 = \dfrac{1}{\sqrt{LC}}$。阻抗 $Z = R$ 时，达到最小值。

实验 9　用三表法测量电路等效参数

1. 实验目的

① 学会用交流电压表、交流电流表和功率表测量元件的交流等效参数的方法。

② 学会功率表的接法和使用。

2. 实验原理

① 正弦交流信号激励下的元件值或阻抗值，可以用交流电压表、交流电流表及功率表分别测量出元件两端的电压 U、流过该元件的电流 I 和它所消耗的功率 P，然后通过计算得到所求的各值，这种方法称为三表法，是用以测量 50 Hz 交流电路参数的基本方法。

计算的基本公式为：

阻抗模 $|Z|=\dfrac{U}{I}$，电路的功率因数 $\cos\phi=\dfrac{P}{UI}$；

等效电阻 $R=\dfrac{P}{I^2}=|Z|\cos\phi$，等效电抗 $X=|Z|\sin\phi$；

$X_L=2\pi fL$，　$X_C=\dfrac{1}{2\pi fC}$。

② 阻抗性质的判别方法：可用在被测元件两端并联电容或将被测元件与电容串联的方法来判别。其原理如下：

a. 在被测元件两端并联一只适当容量的试验电容，若串接在电路中电流表的读数增大，则被测阻抗为容性，电流减小则为感性。

b. 与被测元件串联一个适当容量的试验电容，若被测阻抗的端电压下降，则判为容性，端电压上升则为感性。

判断待测元件的性质，除上述借助于试验电容 C 测定法外，还可以利用该元件的电流 i 与电压 u 之间的相位关系来判断。若 i 超前于 u，为容性；i 滞后于 u，则为感性。

③ 本实验所用的功率表为智能交流功率表，其电压接线端应与负载并联，电流接线端应与负载串联。

3. 实验设备（表 3.1）

表 3.1　实验设备表

序号	名称	型号与规格	数量	备注
1	交流电压表	0～500 V	1	D33
2	交流电流表	0～5 A	1	D32
3	功率表	—	1	D34
4	自耦调压器	—	1	DG01
5	镇流器(电感线圈)	与 40 W 日光灯配用	1	DG09
6	电容器	1 μF, 4.7 μF/500 V	各 1	DG09
7	白炽灯	15 W/220 V	3	DG08

4. 实验内容

测量电路如图 3.32 所示。

① 按图 3.32 接线,并经指导教师检查后,方可接通市电源。

② 分别测量 15W 白炽灯 R、40W 日光灯镇流器 L 和 $4.7\mu F$ 电容器 C 的等效参数。

③ 测量 L、C 串联与并联后的等效参数。

最后填写表 3.2。

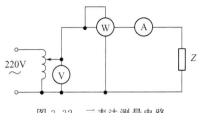

图 3.32 三表法测量电路

表 3.2 实验记录表(1)

被测阻抗	测量值			计算值		电路等效参数		
	U/V	I/A	P/W	Z/Ω	$\cos\phi$	R/Ω	L/mH	$C/\mu F$
15W 白炽灯 R								
电感线圈 L								
电容器 C								
L 与 C 串联								
L 与 C 并联								

④ 验证用串、并联试验电容法判别负载性质的正确性。实验线路同图 3.32,但不必接功率表,按表 3.3 内容进行测量和记录。

表 3.3 实验记录表(2)

被测元件	串 $1\mu F$ 电容		并 $1\mu F$ 电容	
	串前端电压/V	串后端电压/V	并前电流/A	并后电流/A
R(三只 15W 白炽灯)				
$C(4.7\mu F)$				
$L(1H)$				

⑤ 三表法测定无源单口网络的交流参数。实验电路如图 3.33 所示。实验电源取自主控屏 50Hz 三相交流电源中的一相。调节自耦调压器,使单相交流最大输出电压为 150V。用本实验单元黑匣子上的六只开关(图中略),可变换出 8 种不同的电路(具体电路图略):

a. S_1 合(开关投向上方),其他断。

b. S_2、S_4 合,其他断。

c. S_3、S_5 合,其他断。

d. S_2 合,其他断。

e. S_3、S_6 合,其他断。

f. S_2、S_3、S_6 合,其他断。

g. S_2、S_3、S_4、S_5 合,其他断。

h. 所有开关合。

测出以上 8 种电路的 U、I、P 及 $\cos\phi$ 的值,并列表记录。

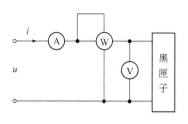 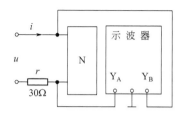

图 3.33 三表法测定无源单口　　　　图 3.34 三表法测定无源单口
　　　　网络实验电路　　　　　　　　　　　　网络接线方式

按图 3.34 接线。将自耦调压器的输出电压调为 $\leqslant 30\text{V}$。按照黑匣子的 8 种开关组合观察和记录 u、i 的相位关系。

5. 实验注意事项

① 本实验直接用市电 220V 交流电源供电，实验中要特别注意人身安全，不可用手直接触摸通电线路的裸露部分，以免触电，进实验室应穿绝缘鞋。

② 自耦调压器在接通电源前，应将其手柄置在零位上，调节时，使其输出电压从零开始逐渐升高。每次改接实验线路、换拨黑匣子上的开关及实验完毕，都必须先将其旋柄慢慢调回零位，再断电源。必须严格遵守这一安全操作规程。

③ 实验前应详细阅读智能交流功率表的使用说明书，熟悉其使用方法。

6. 预习思考题

① 在 50Hz 的交流电路中，测得一只铁芯线圈的 P、I 和 U，如何算得它的阻值及电感量？

② 如何用串联电容的方法来判别阻抗的性质？

7. 实验报告

① 根据实验数据，完成各项计算。

② 完成预习思考题①、②的任务。

③ 根据实验的观察测量结果，分别作出等效电路图，计算出等效电路参数并判定负载的性质。

④ 心得体会及其他。

实验 10　正弦稳态交流电路相量的研究

1. 实验目的

① 研究正弦稳态交流电路中电压、电流相量之间的关系。

② 掌握日光灯线路的接线。

③ 理解改善电路功率因数的意义并掌握其方法。

2. 实验原理

① 在单相正弦交流电路中，用交流电流表测得各支路的电流值，用交流电压表测得回路各元件两端的电压值，它们之间的关系满足相量形式的基尔霍夫定律，即：

$$\sum \dot{I}=0, \sum \dot{U}=0。$$

② 图 3.35 所示的 RC 串联电路，在正弦稳态信号 $\dot{U}$ 的激励下，$\dot{U}_R$ 与 $\dot{U}_C$ 保持有 90°的相位差，即当 R 阻值改变时，$\dot{U}_R$ 的相量轨迹是一个半圆。$\dot{U}$、$\dot{U}_C$ 与 $\dot{U}_R$ 三者形成一个直角的电压三角形，如图 3.36 所示。R 值改变时，可改变 ϕ 角的大小，从而达到移相的目的。

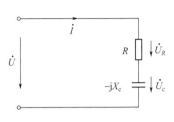

图 3.35 RC 串联电路

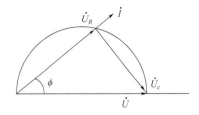

图 3.36 RC 串联电路的电压三角形

③ 日光灯线路如图 3.37 所示，图中 A 是日光灯管，L 是镇流器，S 是启辉器，C 是补偿电容器，用以改善电路的功率因数（$\cos\phi$ 值）。有关日光灯的工作原理请自行翻阅有关资料。

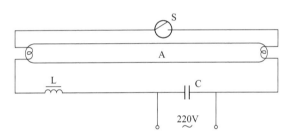

图 3.37 日光灯线路

3. 实验设备（表 3.4）

表 3.4 实验设备表

序号	名称	型号与规格	数量	备注
1	交流电压表	0～450V	1	D33
2	交流电流表	0～5A	1	D32
3	功率表	—	1	D34
4	自耦调压器	—	1	DG01
5	镇流器、启辉器	与 40W 灯管配用	各 1	DG09
6	日光灯灯管	40W	1	屏内
7	电容器	1μF，2.2μF，4.7μF/500V	各 1	DG09
8	白炽灯及灯座	220V，15W	1～3	DG08
9	电流插座	—	3	DG09

4. 实验内容

① 按图 3.35 接线。R 为 220V、15W 的白炽灯泡，电容器为 4.7μF/450V。经指导教

师检查后，接通实验台电源，将自耦调压器输出（即 U）调至220V。记录 U、U_R、U_C 值，填入表3.5，验证电压三角形关系。

表 3.5　实验记录表（1）

测量值			计算值		
U/V	U_R/V	U_C/V	$U'/V(U' = \sqrt{U_R^2 + U_C^2})$	$\Delta U = U' - U$	$\dfrac{\Delta U}{U}$

② 日光灯线路接线与测量。

按图3.38接线。经指导教师检查后接通实验台电源，调节自耦调压器的输出，使其输出电压缓慢增大，直到日光灯刚启辉点亮为止，记下三表的指示值。然后将电压调至220V，测量功率 P、电流 I、电压 U、U_L、U_A 等值，验证电压、电流相量关系。

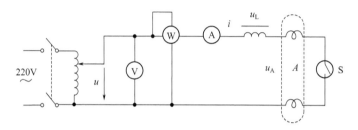

图 3.38　日光灯线路测量接线图

表 3.6　实验记录表（2）

测量项目	测量数值						计算值	
	P/W	$\cos\phi$	I/A	U/V	U_L/V	U_A/V	r/Ω	$\cos\phi$
启辉值								
正常工作值								

③ 并联电路——电路功率因数的改善。按图3.39组成实验线路。经指导老师检查后，接通实验台电源，将自耦调压器的输出调至220V，记录功率表、电压表读数。通过一只电流表和三个电流插座分别测得三条支路的电流，改变电容值，测量三次，数据记入表3.7中。

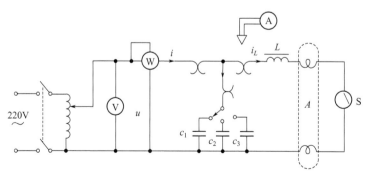

图 3.39　日光灯线路功率因数改善的测量接线图

表 3.7　实验记录表（3）

电容值/μF	测量数值						计算值	
	P/W	$\cos\phi$	U/V	I/A	I_L/A	I_C/A	I'/A	$\cos\phi$
0								
1								
2.2								
4.7								

5. 实验注意事项

① 本实验用交流市电 220V，务必注意用电和人身安全。
② 功率表要正确接入电路。
③ 线路接线正确，日光灯不能启辉时，应检查启辉器及其接触是否良好。

6. 预习思考题

① 参阅课外资料，了解日光灯的启辉原理。
② 在日常生活中，当日光灯上缺少了启辉器时，人们常用一根导线将启辉器的两端短接一下，然后迅速断开，使日光灯点亮（DG09 实验挂箱上有短接按钮，可用它代替启辉器做一下实验）或用一只启辉器去点亮多只同类型的日光灯，这是为什么？
③ 为了改善电路的功率因数，常在感性负载上并联电容器，此时增加了一条电流支路，试问电路的总电流是增大还是减小？此时感性元件上的电流和功率是否改变？
④ 提高线路功率因数为什么只采用并联电容器法，而不用串联法？所并联的电容器是否越大越好？

7. 实验报告

① 完成数据表格中的计算，进行必要的误差分析。
② 根据实验数据，分别绘出电压、电流相量图，验证相量形式的基尔霍夫定律。
③ 讨论改善电路功率因数的意义和方法。
④ 装接日光灯线路的心得体会及其他。

实验 11　楼梯白炽灯控制电路

1. 实验目的

① 学习并掌握用触摸开关、声控开关、人体感应开关、双控开关控制楼梯白炽灯电路的电气控制方法。
② 通过对楼梯白炽灯控制电路的实际安装接线，掌握由电气原理变换成安装接线图的能力。

2. 实验原理

（1）触摸开关控制楼梯白炽灯电路

触摸开关控制楼梯白炽灯电路如图 3.40 所示。因触摸开关是电子开关，接线时要严格按照接线端子处标签上所标注的"火（线）灯（线）"接线，如果接反，触摸开关将不能正常工作。

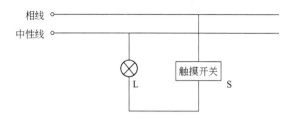

图 3.40 触摸开关控制楼梯白炽灯电路

(2) 声控开关控制楼梯白炽灯电路

声控开关控制楼梯白炽灯电路如图 3.41 所示。因为声控开关是电子开关,接线时要严格按照接线端子处标签上所标注的"火(线)灯(线)"接线,如果接反,声控开关将不能正常工作。

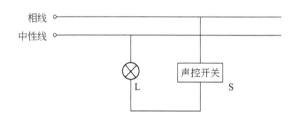

图 3.41 声控开关控制楼梯白炽灯电路

(3) 人体感应开关控制楼梯白炽灯电路

人体感应开关控制楼梯白炽灯电路如图 3.42 所示,图 3.43 为人体感应开关感应区示意图。

图 3.42 人体感应开关控制楼梯白炽灯电路

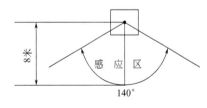

图 3.43 人体感应开关感应区示意图

因为红外人体感应开关是电子开关,而且灵敏度很高,接线时要严格按照接线端子处标签上所标注的"火(线)零(线)灯(线)"接线。如果接错,红外人体感应开关将不能正常工作。

(4) 双控开关控制楼梯白炽灯电路

双控开关控制楼梯白炽灯电路如图 3.44。

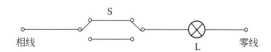

图 3.44 双控开关控制楼梯白炽灯电路

3. 实验设备（表 3.8）

表 3.8 实验设备表

代号	名称	型号与规格	数量
L	白炽灯	25W	1
S	触摸开关	HP2120	1
S	声控开关	HP2110AS	1
S	人体感应开关	HP2100AS1	1
S	双控开关	HP2110AS	1

4. 实验内容

（1）触摸开关控制楼梯白炽灯电路

按照图 3.40 电路接线。实验时，轻触触摸开关，灯亮，经过一定的延时，灯灭。

（2）声控开关控制楼梯白炽灯电路

按照图 3.41 电路接线。实验时，只要发出的声音不小于 20 分贝，灯就亮，经过一定的延时，灯自动灭。

（3）人体感应开关控制楼梯白炽灯电路

按照图 3.42 接线。实验时，只要人在感应区域内灯亮，经过一定延时，灯自动灭。

（4）双控开关控制楼梯白炽灯电路

按照图 3.44 接线。实验时，操作双控开关控制楼梯白炽灯。

5. 实验注意事项

① 本实验用交流市电 220V，务必注意用电和人身安全。

② 功率表要正确接入电路。

③ 线路接线正确，日光灯不能启辉时，应检查启辉器及其接触是否良好。

6. 预习思考题

① 参阅课外资料，了解日光灯的启辉原理。

② 在日常生活中，当日光灯上缺少了启辉器时，人们常用一根导线将启辉器的两端短接一下，然后迅速断开，使日光灯点亮（DG09 实验挂箱上有短接按钮，可用它代替启辉器做一下实验。）或用一只启辉器去点亮多只同类型的日光灯，这是为什么？

③ 为了改善电路的功率因数，常在感性负载上并联电容器，此时增加了一条电流支路，试问电路的总电流是增大还是减小，此时感性元件上的电流和功率是否改变？

④ 提高线路功率因数为什么只采用并联电容器法，而不用串联法？所并的电容器是否越大越好？

7. 实验报告

① 完成数据表格中的计算，进行必要的误差分析。

② 根据实验数据，分别绘出电压、电流相量图，验证相量形式的基尔霍夫定律。

③ 讨论改善电路功率因数的意义和方法。

④ 装接日光灯线路的心得体会及其他。

实验 12　单相电度表安装电路

1. 实验目的

掌握单相电度表直接安装和间接安装的接线方法。

2. 实验原理

电度表是一种感应式仪表，是根据交变磁场在金属中产生感应电流。从而产生转矩的基本原理而工作的仪表，主要用于测量交流电路中的电能，它的指示器不能像其他指示仪表的指针一样停留在某一位置，而应能随着电能的不断增大（也就是随着时间的延续）而连续的转动，因此它的指示器是一个"积算机构"，由一系列齿轮上的数字直接指示出来。

（1）单相电度表直接安装电路

单相电度表直接安装电路如图 3.45(a) 所示，适用于低压小电流线路中。

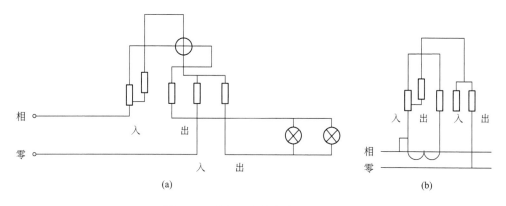

图 3.45　单相电度表直接安装电路

（2）单相电度表间接安装电路

单相电度表间接安装电路适用于低压大电流线路中测量电能，电度表须通过电流互感器将电流变小。电路见图 3.45(b)。

3. 实验设备（表 3.9）

表 3.9　实验设备表

名称	型号与规格	数量
单相电度表	—	1
电流互感器	—	1
白炽灯	25W	2

4. 实验内容

（1）单相电度表直接安装电路

① 按图 3.45(a) 线路进行接线，在不通电的情况下，用万用表检查线路连线是否正确，经指导教师检查后，方可进行通电操作。

② 合上漏电断路器，观察记录单相电度表的运行情况，记录电路的电量。

（2）单相电度表间接安装电路

① 按图 3.45(b) 线路进行接线，在不通电的情况下，用万用表检查线路连线是否正确，经指导教师检查后，方可进行通电操作。

② 合上漏电断路器，观察记录单相电度表的运行情况，并计算出电路的实际电量。

③ 将本实验项目与 1 比较，写出结论。

5. 实验注意事项

① 本实验用交流市电 220V，务必注意用电和人身安全。

② 电度表应立式放置，要正确接入电路。

③ 要求负载的电压和电流不超过所用电能表的额定值。

④ 正确选用电度表的量限。

⑤ 在接线前先用试电笔判明电源的火线及地线，以便电度表正确接线。

6. 预习思考题

① 参阅课外资料，了解电度表的结构、工作原理及检定方法。

② 电度表接线有哪些错误接法？会造成什么样的后果？

7. 实验报告

① 完成数据表格中的计算，进行必要的误差分析。

② 讨论电压线圈前接和电压线圈后接所引起的测量误差。

③ 装接单相电度表线路的心得体会及其他。

习题

3-1 填空题

1. 交流电流是指电流的大小和_____都随时间作周期变化，且在一个周期内其平均值为零的电流。

2. 正弦交流电路是指电路中的电压、电流均随时间按_____规律变化的电路。

3. 正弦交流电的瞬时表达式为 $e=$_____、$i=$_____。

4. 角频率是指交流电在_____时间内变化的电角度。

5. 正弦交流电的三个基本要素是_____、_____和_____。

6. 我国工业及生活中使用的交流电频率_____，周期为_____。

7. 正弦交流电压 $u=220\sqrt{2}\sin(314t-\pi/3)$V，它的最大值是_____，有效值是_____，角频率等于_____，初相位等于_____。

8. 已知两个正弦交流电流 $i_1=10\sin(314t-30°)$A，$i_2=310\sin(314t+90°)$A，则 i_1 和 i_2 的相位差为_____，_____超前_____。

9. 有一正弦交流电流，有效值为 20A，其最大值为_____，平均值为_____。

10. 已知正弦交流电压 $u=10\sin(314t+30°)$V，该电压有效值 $U=$_____。

11. 已知正弦交流电流 $i=5\sqrt{2}\sin(314t-60°)$A，该电流有效值 $I=$_____。

12. 已知正弦交流电压 $u=220\sqrt{2}\sin(314t+60°)$V，它的最大值为_____，有效值为_____，角频率为_____，相位为_____，初相位为_____。

13. 正弦量的相量表示法，就是用复数的模数表示正弦量的_____，用复数的辐角表示正弦量的_____。

14. 基尔霍夫电压定律的相量形式的内容是在正弦交流电路中，沿_____各段电压_____恒等于零。

15. 已知某正弦交流电压 $u=U_\mathrm{m}\sin(\omega t-\phi_u)$ V，则其相量形式 $\dot{U}=$_____ V。

16. 流入节点的各支路电流_____ 的代数和恒等于零，是基尔霍夫_____ 定律得相量形式。

17. 在纯电阻交流电路中，电压与电流的相位关系是_____。

18. 把 110V 的交流电压加在 55Ω 的电阻上，则电阻上 $U=$_____ V，电流 $I=$_____ A。

19. 在纯电感交流电路中，电压与电流的相位关系是电压_____电流 90°，感抗 $X_L=$_____，单位是_____。

20. 在纯电感正弦交流电路中，若电源频率提高一倍，而其他条件不变，则电路中的电流将变_____。

21. 在正弦交流电路中，已知流过纯电感元件的电流 $I=5$A，电压 $u=20\sqrt{2}\sin314t$ V，若 u、i 取关联方向，则 $X_L=$_____ Ω，$L=$_____ H。

22. 在纯电容交流电路中，电压与电流的相位关系是电压_____电流 90°。容抗 $X_C=$_____。

23. 在纯电容正弦交流电路中，已知 $I=5$A，电压 $U=10\sqrt{2}\sin314t$ V，容抗 $X_C=$_____，电容量 $C=$_____。

24. 在纯电容正弦交流电路中，增大电源频率时，其他条件不变，电容中电流 I 将_____。

3-2 选择题

1. 两个同频率正弦交流电的相位差等于 180°时，则它们相位关系是_____。
   A. 同相　　　　　　　　B. 反相　　　　　　　　C. 相等

2. 题图 3.1 所示波形图，电流的瞬时表达式为_____ A。
   A. $i=I_\mathrm{m}\sin(2\omega t+30°)$　　B. $i=I_\mathrm{m}\sin(\omega t+180°)$　　C. $i=I_\mathrm{m}\sin\omega t$

3. 题图 3.2 所示波形图中，电压的瞬时表达式为_____ V。
   A. $u=U_\mathrm{m}\sin(\omega t-45°)$　　B. $u=U_\mathrm{m}\sin(\omega t+45°)$　　C. $u=U_\mathrm{m}\sin(\omega t+135°)$

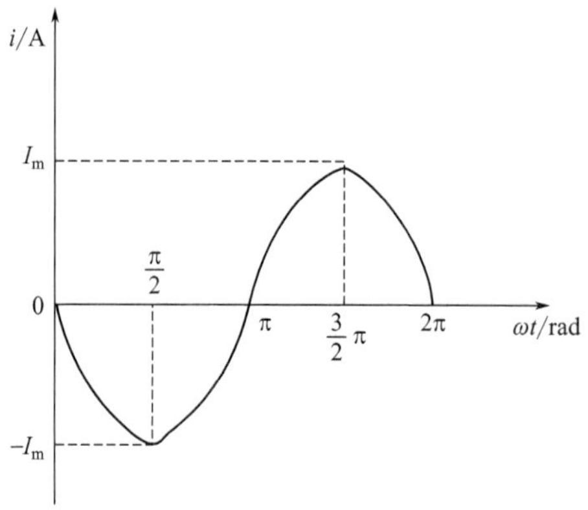

题图 3.1 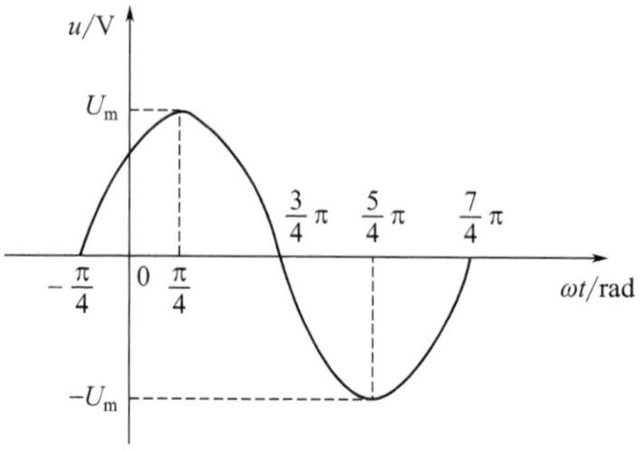　　　　　　　　　　　　　　　题图 3.2

4. 题图 3.1 与题图 3.2 中两条曲线的相位差 $\phi_{ui}=$ _____。
   A. $90°$ B. $-45°$ C. $-135°$

5. 题图 3.3 所示波形图中，e 的瞬时表达式为 _____。
   A. $e=E_m\sin(\omega t-30°)$ B. $e=E_m\sin(\omega t-60°)$ C. $e=E_m\sin(\omega t+60°)$

6. 题图 3.2 与题图 3.3 所示两条曲线的相位差 $\phi_{ue}=$ _____。
   A. $45°$ B. $60°$ C. $105°$

7. 题图 3.1 与图题图 3.3 两条曲线的相位差 $\phi_{ie}=$ _____。
   A. $30°$ B. $60°$ C. $-120°$

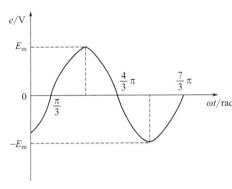

题图 3.3

8. 正弦交流电的最大值等于有效值的 _____ 倍。
   A. $\sqrt{2}$ B. 2 C. $1/2$

9. 白炽灯的额定工作电压为 220V，它允许承受的最大电压 _____。
   A. 220V   B. 311V
   C. 380V   D. $u(t)=220\sqrt{2}\sin314$ V

10. 已知 2Ω 电阻的电流 $i=6\sin(314t+45°)$A，当 u，i 为关联方向时，$u=$ _____ V。
    A. $12\sin(314t+30°)$ B. $12\sqrt{2}\sin(314t+45°)$ C. $12\sin(314t+45°)$

11. 已知 2Ω 电阻的电压 $\dot{U}=10\angle 60°$ V，当 u，i 为关联方向时，电阻上电流 $\dot{I}=$ _____ A。
    A. $5\sqrt{2}\angle 60°$ B. $5\angle 60°$ C. $10\angle 60°$

12. 如题图 3.4 所示，表示纯电阻上电压与电流相量的是 _____。

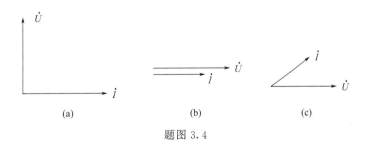

题图 3.4

13. 在纯电感电路中，电流应为 _____。
    A. $i=U/X_L$ B. $I=U/L$ C. $I=U/(\omega L)$

14. 在纯电感电路中，电压应为 _____。

A. $\dot{U}=LX_L$ B. $\dot{U}=jX_L\dot{I}$ C. $\dot{U}=-j\omega LI$

15. 在纯电感电路中，感抗应为_____。

A. $X_L=j\omega L$ B. $X_L=\dot{U}/\dot{I}$ C. $X_L=U/I$

16. 加在一个感抗是 20Ω 的纯电感两端的电压是 $u=10\sin(\omega t+30°)$V，则通过它的电流瞬时值为_____ A。

A. $i=0.5\sin(2\omega t-30°)$ B. $i=0.5\sin(\omega t-60°)$ C. $i=0.5\sin(\omega t+60°)$

17. 在纯电容正弦交流电路中，复容抗为_____。

A. $-j\omega c$ B. $-j/\omega c$ C. $j/\omega c$

18. 在纯电容正弦交流电路中，下列各式正确的是_____。

A. $i_C=U\omega C$ B. $\dot{I}=\dot{U}\omega C$ C. $I=U\omega C$ D. $i=U/C$

19. 若电路中某元件的端电压为 $u=5\sin(314t+35°)$V，电流 $i=2\sin(314t+125°)$A，u、i 为关联方向，则该元件是_____。

A. 电阻 B. 电感 C. 电容

20. $u=5\sin(\omega t+15°)$V，$i=5\sin(\omega t-5°)$A 相位差 $\phi_u-\phi_i$ 是（　　）

A. 20° B. −20° C. 0° D 无法确定

3-3　判断题

1. 正弦量的初相角与起始时间的选择有关，而相位差则与起始时间无关。（　）
2. 两个不同频率的正弦量可以求相位差。（　）
3. 正弦量的三要素是最大值、频率和相位。（　）
4. 人们平时所用的交流电压表、电流表所测出的数值是有效值。（　）
5. 正弦交流电在正半周期内的平均值等于其最大值的 $3\pi/2$ 倍。（　）
6. 交流电的有效值是瞬时电流在一周期内的均方根值。（　）
7. 电动势 $e=100\sin\omega t$ 的相量形式为 $\dot{E}=100$。（　）
8. 用交流电压表测得交流电压是 220，则此交流电的最大值是 220V。（　）
9. 某电流相量形式为 $\dot{I}_1=(3+j4)$A，则其瞬时表达式为 $i=100\sin\omega t$ A。（　）
10. 频率不同的正弦量可以在同一相量图中画出。（　）

3-4　简答题

1. 简述什么是最大值。
2. 简述什么是有效值。
3. 简述什么是额定值。
4. 正弦交流电有哪几方面的特点？
5. 以日光灯为例简述自感现象。

3-5　计算题

1. 如题图 3.5 所示，求曲线的频率、初相角、最大值，并写出其瞬时值表达式。

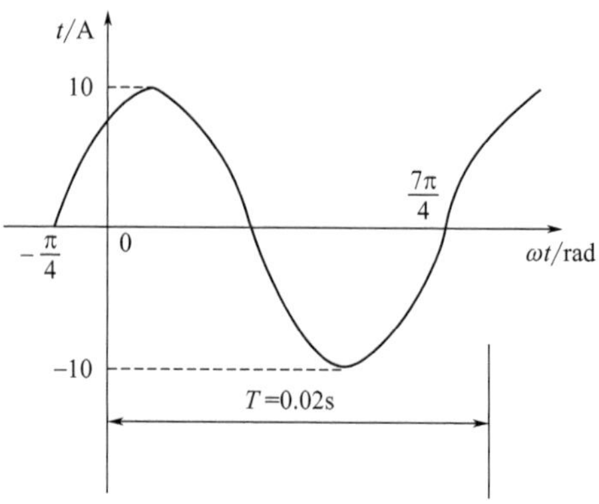

2. 已知电流和电压的瞬时值函数式为 $u=317\sin(\omega t-160°)$V，$i_1=10\sin(\omega t-45°)$A，$i_2=4\sin(\omega t+70°)$A。试在保持相位差不变的条件下，将电压的初相角改为零度，重新写出它们的瞬时

题图 3.5

值函数式。

3. 周期性交流电压的波形如题图 3.6 所示，不用计算，能否看出有效值与最大值的关系？如果能，写出此关系。

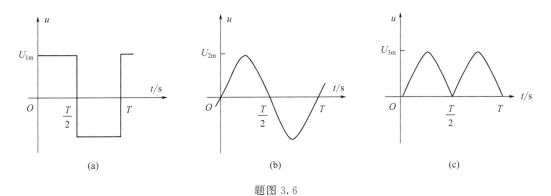

题图 3.6

4. 已知 $e(t) = -311\cos 314t$ V，则与它对应的相量 $\dot{E}$ 为多少？

5. 已知 $i_1 = 5\sqrt{2}\sin(\omega t + 30°)$ A，$i_2 = 10\sqrt{2}\sin(\omega t + 60°)$ A，

求：(1) $\dot{I}_1$、$\dot{I}_2$；(2) $\dot{I}_1 + \dot{I}_2$；(3) 作相量图。

6. 已知 $u_1 = 220\sin\omega t$ V，$u_2 = 220\sin(\omega t + 120°)$ V，$u_3 = 220\sin(\omega t - 120°)$ V，求：

(1) $\dot{U}_1$，$\dot{U}_2$，$\dot{U}_3$；

(2) $\dot{U}_1 + \dot{U}_2 + \dot{U}_3$；

(3) $u_1 + u_2 + u_3$；

(4) 作相量图。

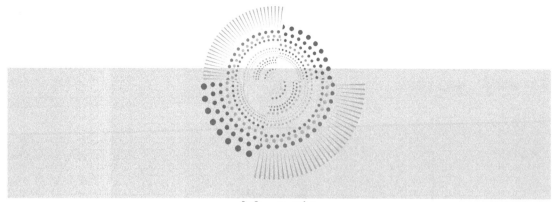

第4章 三相交流电路

① 了解三相交流电的产生,理解对称三相电源的特点。
② 掌握三相电源、三相负载的星形和三角形连接方法及相电压、相电流、线电压、线电流的关系,了解中性线的作用。
③ 熟悉三相对称电路的计算特点及几种典型三相不对称电路的计算,掌握对称三相电路功率的计算方法。

4.1 三相交流电源

4.1.1 三相对称电压

对称的三相交流电源是由三个幅值相等、频率相同、初相互差 $120°$ 的正弦电源,按一定方式(星形或三角形)连接组成的供电系统。

在图 4.1 中,三个正弦电源首端(正极性端)记为 U_1、V_1、W_1,末端(负极性端)记为 U_2、V_2、W_2,图中每一个电压源称为三相电源的一相,依次为 U 相、V 相、W 相,三个相电压分别记为 u_1、u_2、u_3。

$$u_1 = U_m \sin\omega t$$
$$u_2 = U_m \sin(\omega t - 120°)$$
$$u_3 = U_m \sin(\omega t + 120°)$$

对应的相量

$$\dot{U}_1 = U \angle 0°$$
$$\dot{U}_2 = U \angle -120°$$
$$\dot{U}_3 = U \angle 120°$$

对称三相电源的波形图、相量图如图 4.2 所示。

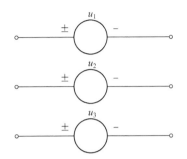

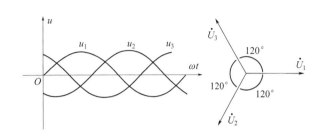

图 4.1 三相交流电源　　　　　图 4.2 三相电源的波形图、相量图

通过三相电源的波形图、相量图分析得到，在任何瞬时对称三相电源的电压之和为零。

$$u_1 + u_2 + u_3 = 0$$
$$\dot{U}_1 + \dot{U}_2 + \dot{U}_3 = 0$$

三相交流电压到达最大值的先后次序称为相序。U 相超前 V 相，V 相超前 W 相，U—V—W 相序称为顺序，否则为逆序。在电力系统中一般用黄、绿、红三种颜色区别 U、V、W 三相。

4.1.2 三相电源的星形连接

若将电源的三相定子绕组末端 U_2、V_2、W_2 连在一起，分别由三个首端 U_1、V_1、W_1 引出三条输电线，称为星形连接。这三条输电线称为相线或端线，俗称火线，用 L_1、L_2、L_3 表示；U_2、V_2、W_2 的连接点称为中性点，从中性点引出的导线称为中性线（或零线），用 N 表示。在图 4.3 中，每相上的电压 $\dot{U}_1$、$\dot{U}_2$、$\dot{U}_3$ 方向从始端指向末端，叫相电压；端线之间的电压 $\dot{U}_{12}$、$\dot{U}_{23}$、$\dot{U}_{31}$ 称为线电压。

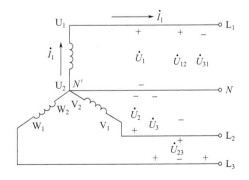

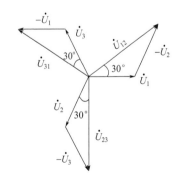

图 4.3 三相电源的星形连接　　　　　图 4.4 线电压与相电压的关系

线电压与相电压有如下的关系式：

$$\dot{U}_{12}=\dot{U}_1-\dot{U}_2$$

$$\dot{U}_{23}=\dot{U}_2-\dot{U}_3$$

$$\dot{U}_{31}=\dot{U}_3-\dot{U}_1$$

可见相电压对称，线电压同样也对称，用图 4.4 表示线电压与相电压之间的关系。
从图 4.4 中得到

$$\dot{U}_{12}=\sqrt{3}\dot{U}_1\ \angle 30°$$

$$\dot{U}_{23}=\sqrt{3}\dot{U}_2\ \angle 30°$$

$$\dot{U}_{31}=\sqrt{3}\dot{U}_3\ \angle 30°$$

即在对称三相电源的星形连接中，线电压 U_L 是相电压 U_P 的 $\sqrt{3}$ 倍，线电压超前对应的相电压 $30°$。

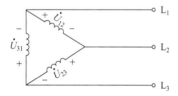

图 4.5 三相电源的三角形连接

4.1.3 三相电源的三角形连接

在图 4.5 中，电源的三相绕组还可以将一相的末端与相应的另一相的首端依次相连，接成三角形，并从连接点引出三条相线 L_1、L_2、L_3 给用户供电。

每相的正负不能接错，如果接错，$\dot{U}_{12}+\dot{U}_{23}+\dot{U}_{31}\neq 0$，引起环流会把电源损坏。这点要引起注意。在三角形连接中，线电压等于电源的相电压。

4.2 三相负载

在三相电路中，通常把三相负载连接成星形或三角形两种形式。

4.2.1 三相负载的星形连接

假定把三相负载 Z_1、Z_2、Z_3 的一端连在一起，用 N' 来表示，称为负载的中性点；三相负载 Z_1、Z_2、Z_3 的另一端及中性点用导线分别与三相电源及电源的中性点 N 连接，如图 4.6 所示，则组成三相四线制供电系统。如果没有中性线 NN'，则为三相三线制供电系统。

如果三相电源对称，三相负载对称，相线的阻抗相等，则组成对称的三相电路。

若负载作星形连接，每相负载都跨接在端线与中线之间，则均承受三相对称的电源相电压。

每相负载流过的电流称为负载的相电流，由电路图可知，

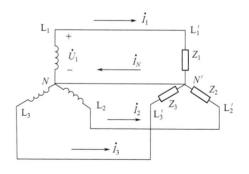

图 4.6 三相负载的星形连接

Z_1 中的相电流

$$\dot{I}_{12} = \frac{\dot{U}_1}{Z_1}$$

Z_2 中的相电流

$$\dot{I}_{23} = \frac{\dot{U}_2}{Z_2}$$

Z_3 中的相电流

$$\dot{I}_{31} = \frac{\dot{U}_3}{Z_3}$$

若负载对称，则三个相电流大小相等，频率相同，相位互差120°，是三相对称的。端线上流过的电流称为线电流。由图4.6可知，线电流等于相电流。中线上流过的电流为中线电流，

$$\dot{I}_N = \dot{I}_{12} + \dot{I}_{23} + \dot{I}_{31} = \dot{I}_1 + \dot{I}_2 + \dot{I}_3$$

即中线电流为三个相电流或线电流之和。若负载对称，则相电流和线电流均为三相对称的，故中线电流为0。此时，可省去中线，变为三相三线制。

例 4.1 某三相三线制供电线路上，接入三相电灯负载，接成星形，如图4.7所示。设线电压为380V，每一组电灯负载的电阻是400Ω，试计算：

（1）在正常工作时，电灯负载的电压和电流为多少？

（2）如果1相断开，其他两相负载的电压和电流为多少？

（3）如果1相发生短路，其他两相负载的电压和电流为多少？

（4）如果采用三相四线制（加了中性线）供电，如图4.8所示，试重新计算一相断开时或一相短路时，其他各相负载的电压和电流。

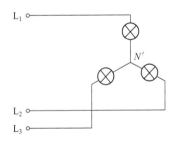
图 4.7 三相三线制供电

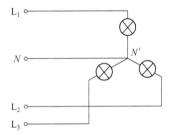
图 4.8 三相四线制供电

解：（1）在正常情况下，三相负载对称，有

$$U_{L_1} = U_{L_2} = U_{L_3} = \frac{380}{\sqrt{3}}\text{V} = 220\text{V}$$

$$I_1 = I_{L_1} = \frac{220}{400}\text{A} = 0.55\text{A}$$

$$I_2 = I_3 = 0.55\text{A}$$

（2）若1相断开，两个电灯串联承受线电压，如图4.9所示。有

$$U_{L_2} = U_{L_3} = \frac{380}{2}\text{V} = 190\text{V}$$

$$I_2 = I_3 = \frac{190}{400}\text{A} = 0.475\text{A} \quad （灯暗）$$

$I_1 = 0$，2 相 3 相每组电灯两端电压低于额定电压，电灯不能正常工作。

（3）若 1 相短路，每个电灯都跨接在两条端线之间，承受线电压，如图 4.10 所示，有

$$U_{L_2} = U_{L_3} = 380\text{V}$$

$$I_2 = I_3 = \frac{380}{400}\text{A} = 0.95\text{A} \quad （灯亮）$$

2 相、3 相每组电灯两端电压超过额定电压，电灯将会被损坏。

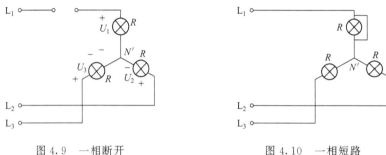

图 4.9　一相断开　　　　　　　　图 4.10　一相短路

（4）采用三相四线制，如图 4.8 所示。若 1 相断开，其余两相 $U_{L_2} = U_{L_3} = 220\text{V}$ 负载正常工作。当 1 相短路时，其余两相仍能正常工作，这就是三相四线制供电的优点。为了保证每相负载正常工作，中性线不能断开。中性线是不允许接入开关或保险丝的。

4.2.2　三相负载的三角形连接

假定三相负载对称，都等于 Z，连接成三角形，如图 4.11 所示。由于每相负载均跨接于两条端线之间，故均承受电源线电压。设线电流 $\dot{I}_1$，$\dot{I}_2$，$\dot{I}_3$，相电流 $\dot{I}_{12}$，$\dot{I}_{23}$，$\dot{I}_{31}$。有关系式：

$$\dot{I}_1 = \dot{I}_{12} - \dot{I}_{31}$$
$$\dot{I}_2 = \dot{I}_{23} - \dot{I}_{12}$$
$$\dot{I}_3 = \dot{I}_{31} - \dot{I}_{23}$$

通过相量图 4.12 分析得到

$$\dot{I}_1 = \sqrt{3}\,\dot{I}_{12} \angle -30°$$
$$\dot{I}_2 = \sqrt{3}\,\dot{I}_{23} \angle -30°$$
$$\dot{I}_3 = \sqrt{3}\,\dot{I}_{31} \angle -30°$$

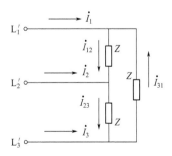
图 4.11　三相负载的三角形连接

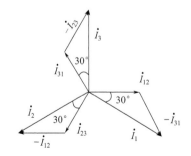
图 4.12　相量图

在对称三相负载的三角形连接中,线电流 I_l 等于相电流 I_P 的 $\sqrt{3}$ 倍。线电流滞后对应的相电流 $30°$。

综上所述,在对称的三相电路中,有如下结论:

① 在星(Y)形连接的情况下,$U_L = \sqrt{3} U_P$,$I_L = I_P$。

② 在三角(△)形连接的情况下,$U_L = U_P$,$I_L = \sqrt{3} I_P$。

4.3 三相电路的功率

在三相电路中,三相负载吸收的有功功率等于各相有功功率之和。

$$P = P_1 + P_2 + P_3 = U_{P1} I_{P1} \cos\phi_1 + U_{P2} I_{P2} \cos\phi_2 + U_{P3} I_{P3} \cos\phi_3$$

ϕ_1、ϕ_2、ϕ_3 分别是1相、2相、3相的相电压与相电流之间的相位差。

如果三相负载对称,电路吸收的有功功率为

$$P = 3 U_P I_P \cos\phi$$

ϕ 角为相电压与相电流的相位差。

在对称三相负载的三角形连接中,$U_L = U_P$,$I_L = \sqrt{3} I_P$。

在对称三相负载的星形连接中,$U_L = \sqrt{3} U_P$,$I_L = I_P$。

从而对称三相负载的有功功率为

$$P = \sqrt{3} U_L I_L \cos\phi$$

注意:其中 ϕ 角仍为相电压与相电流之间的相位差。

同理,对称三相负载的无功功率和视在功率分别为

$$Q = \sqrt{3} U_L I_L \sin\phi$$

$$S = \sqrt{3} U_L I_L$$

例 4.2 对称三相三线制的线电压为380V,每相负载阻抗为 $Z = 10 \angle 53.1° \Omega$,求负载为 Y 形和△形连接时的三相功率。

解:

负载为 Y 形连接

相电压

$$U_P = \frac{U_L}{\sqrt{3}} = \frac{380}{\sqrt{3}} V = 220 V$$

线电流

$$I_L = I_P = \frac{220}{10} A = 22 A$$

相电压与相电流的相位差为 $53.1°$。

三相功率

$$P = \sqrt{3} U_L I_L \cos\phi = \sqrt{3} \times 380 \times 22 \times \cos 53.1° = 8688 (W)$$

负载为△形连接

相电流

$$I_P = \frac{380}{10}A = 38A$$

线电流

$$I_L = \sqrt{3} I_P = 38\sqrt{3} \text{ A}$$

相电压与相电流的相位差为 53.1°。

三相功率

$$P = \sqrt{3} U_L I_L \cos\phi = \sqrt{3} \times 380 \times 38\sqrt{3} \times \cos 53.1° = 26064(\text{W})$$

通过上面题目的分析，得知电源电压一定的情况下，三相负载连接形式的不同，负载的有功功率不同，所以一般三相负载在电源电压一定的情况下，都有确定的连接形式（Y 连接或△连接），不能任意连接。如有一台三相电动机，当电源线电压为 380V 时，电动机要求接成星形，如果错接成△形，会造成功率过大而损坏电动机。

本章小结

1. 对称的三相交流电源是由三个幅值相等、频率相同、初相互差 120°的正弦电源，按一定方式（星形或三角形）连接组成的供电系统。

2. 如果三相电源对称，三相负载对称，相线的阻抗相等，由此组成的供电系统称为对称的三相电路。

3. 在对称三相电源的星形连接中，线电压 U_L 是相电压 U_P 的 $\sqrt{3}$ 倍，线电压超前对应的相电压 30°。在三角形连接中，线电压等于电源的相电压。

4. 在对称的三相电路中，有如下结论：

在星（Y）形连接的情况下：

$$U_L = \sqrt{3} U_P, \quad I_L = I_P。$$

在三角（△）形连接的情况下：

$$U_L = U_P, \quad I_L = \sqrt{3} I_P。$$

5. 在对称三相电路中，三相负载的总有功功率为：

$$P = \sqrt{3} U_L I_L \cos\phi$$

注意：其中 ϕ 角仍为相电压与相电流之间的相位差。

对称三相负载的无功功率和视在功率分别为：

$$Q = \sqrt{3} U_L I_L \sin\phi$$
$$S = \sqrt{3} U_L I_L$$

实验 13　三相交流电路电压、电流的测量

1. 实验目的

① 掌握三相负载作星形连接、三角形连接的方法，验证这两种接法下线、相电压及线、相电流之间的关系。

② 充分理解三相四线供电系统中中线的作用。

2. 实验原理

① 三相负载可接成星形（又称"Y"接）或三角形（又称"△"接）。当三相对称负载作 Y 形连接时，线电压 U_L 是相电压 U_P 的 $\sqrt{3}$ 倍。线电流 I_L 等于相电流 I_P，即

$$U_L=\sqrt{3}U_P, \qquad I_L=I_P$$

在这种情况下，流过中线的电流 $I_0=0$，所以可以省去中线。

当对称三相负载作△形连接时，有 $I_L=\sqrt{3}I_P$，$U_L=U_P$。

② 不对称三相负载作 Y 连接时，必须采用三相四线制接法，即 Y_0 接法。而且中线必须牢固连接，以保证三相不对称负载的每相电压维持对称不变。

倘若中线断开，会导致三相负载电压的不对称，致使负载轻的那一相的相电压过高，使负载遭受损坏；负载重的一相相电压又过低，使负载不能正常工作。尤其是对于三相照明负载，无条件地一律采用 Y_0 接法。

③ 当不对称负载作△接时，$I_L\neq\sqrt{3}I_P$，但只要电源的线电压 U_L 对称，加在三相负载上的电压仍是对称的，对各相负载工作没有影响。

3. 实验设备（表 4.1）

表 4.1 实验设备表

序号	名称	型号与规格	数量	备注
1	交流电压表	0～500V	1	D33
2	交流电流表	0～5A	1	D32
3	万用表	—	1	自备
4	三相自耦调压器	—	1	DG01
5	三相灯组负载	220V,15W 白炽灯	9	DG08
6	电门插座	—	3	DG09

4. 实验内容

（1）三相负载星形连接（三相四线制供电）

按图 4.13 线路组接实验电路。即三相灯组负载经三相自耦调压器接通三相对称电源。

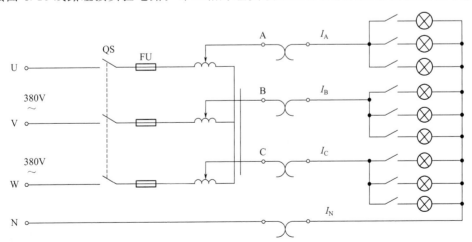

图 4.13 三相负载星形连接实验电路

将三相调压器的旋柄置于输出为 0V 的位置（即逆时针旋到底）。经指导教师检查合格后，方可开启实验台电源，然后调节调压器的输出，使输出的三相线电压为 220V，并按下述内容完成各项实验，分别测量三相负载的线电压、相电压、线电流、相电流、中线电流。将所测得的数据记入表 4.2 中，并观察各相灯组亮暗的变化程度，特别要注意观察中线的作用。

表 4.2 实验记录表（1）

测量数据 实验内容 （负载情况）	开灯盏数			线电流/A			线电压/V			相电压/V			中线电流 I_N/A
	A相	B相	C相	I_A	I_B	I_C	U_{AB}	U_{BC}	U_{CA}	U_A	U_B	U_C	
Y_0 接平衡负载	3	3	3										
Y 接平衡负载	3	3	3										
Y_0 接不平衡负载	1	2	3										
Y 接不平衡负载	1	2	3										
Y_0 接 B 相断开	1		3										
Y 接 B 相断开	1		3										
Y 接 B 相短路	1		3										

（2）负载三角形连接（三相三线制供电）

按图 4.14 改接线路，经指导教师检查合格后接通三相电源，并调节调压器，使其输出线电压为 220V，并按表 4.3 内容进行测试。

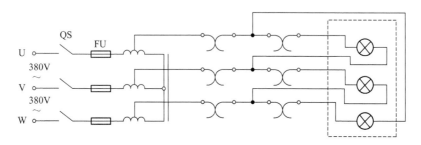

图 4.14 负载三角形连接实验电路

表 4.3 实验记录表（2）

测量数据 负载情况	开灯盏数			线电压＝相电压/V			线电流/A			相电流/A		
	A-B相	B-C相	C-A相	U_{AB}	U_{BC}	U_{CA}	I_A	I_B	I_C	I_{AB}	I_{BC}	I_{CA}
三相平衡	3	3	3									
三相不平衡	1	2	3									

5. 实验注意事项

① 本实验采用三相交流市电，线电压为 380V，应穿绝缘鞋进实验室。实验时要注意人身安全，不可触及导电部件，防止意外事故发生。

② 每次接线完毕，同组同学应自查一遍，然后由指导教师检查后，方可接通电源，必须严格遵守先断电、再接线、后通电；先断电、后拆线的实验操作原则。

③ 做星形负载短路实验时，必须首先断开中线，以免发生短路事故。

④ 为避免烧坏灯泡，DG08 实验挂箱内设有过压保护装置。当任一相电压＞245～250V时，立刻声光报警并跳闸。因此，在做星形不平衡负载或缺相实验时，所加线电压应以最高相电压＜240V 为宜。

6. 预习思考题

① 三相负载根据什么条件确定作星形或三角形连接？

② 复习三相交流电路有关内容，试分析三相星形连接不对称负载在无中线情况下，当某相负载开路或短路时会出现什么情况，如果接上中线，情况又如何。

③ 本次实验中为什么要通过三相调压器将 380V 的线电压降为 220V 的线电压使用？

7. 实验报告

① 用实验测得的数据验证对称三相电路中的 $\sqrt{3}$ 关系。

② 用实验数据和观察到的现象，总结三相四线供电系统中中线的作用。

③ 不对称三角形连接的负载能否正常工作？实验是否能证明这一点？

④ 根据不对称负载三角形连接时的相电流值作相量图，并求出线电流值，然后与实验测得的线电流作比较，分析之。

⑤ 心得体会及其他。

实验 14 功率因数及相序的测量

1. 实验目的

① 掌握三相交流电路相序的测量方法。

② 熟悉功率因数表的使用方法，了解负载性质对功率因数的影响。

2. 实验原理

图 4.15 为相序指示器电路，用以测定三相电源的相序 A、B、C（或 U、V、W）。它是由一个电容器和两个电灯连接成的星形不对称三相负载电路。电容器所接的是 A 相。为分析问题简单起见，设

$$X_A = R_B = R_C = R, \quad \dot{U}_A = U_P \angle 0°$$

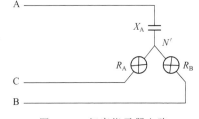

图 4.15 相序指示器电路

电源的连接参考图 4.6，有：

$$\dot{U}_{N'N} = \frac{U_P\left(\dfrac{1}{-jR}\right) + U_P\left(-\dfrac{1}{2} - j\dfrac{\sqrt{3}}{2}\right)\left(\dfrac{1}{R}\right) + U_P\left(-\dfrac{1}{2} + j\dfrac{\sqrt{3}}{2}\right)\left(\dfrac{1}{R}\right)}{\dfrac{1}{-jR} + \dfrac{1}{R} + \dfrac{1}{R}}$$

若

$$\dot{U}'_B = \dot{U}_B - \dot{U}_{N'N} = 1.49 \angle -101.6° \, U_P$$

则

$$\dot{U}'_C = \dot{U}_C - \dot{U}_{N'N} = 0.4 \angle -138.4° \, U_P$$

$U'_B > U'_C$，故 B 相灯光较亮。

3. 实验设备（表 4.4）

表 4.4 实验设备表

序号	名称	型号与规格	数量	备注
1	单相功率表	—	—	D34
2	交流电压表	0～500V	—	D33
3	交流电流表	0～5A	—	D32
4	白灯灯组负载	15W/220V	3	DG08
5	电感线圈	40W 镇流器	1	DG09
6	电容器	1μF, 4.7μF	各 1	DG09

4. 实验内容

（1）相序的测定

① 用 220V、15W 白炽灯和 1μF/500V 电容器，经三相调压器接入线电压为 220V 的三相交流电源，观察两只灯泡的亮暗，判断三相交流电源的相序。

② 将电源线任意两相调换后再接入电路，观察两灯的明亮状态，判断三相交流电源的相序。

（2）电路功率（P）和功率因数（$\cos\phi$）的测定

按图 4.16 接线，在 A、B 间接入不同器件，记录各表的读数，填入表 4.5，并分析负载性质。

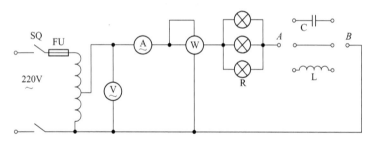

图 4.16 相序及功率因数测定的实验电路

表 4.5 实验记录表

A、B 间	U/V	U_R/V	U_L/V	U_C/V	I/A	P/W	$\cos\phi$	负载性质
短接								
接入 C								
接入 L								
接入 L 和 C								

说明：C 为 4.7μF/500V 电容器，L 为 40W 日光灯镇流器。

5. 实验注意事项

每次改接线路都必须先断开电源。

6. 预习思考题

根据电路理论，分析图 4.15 检测相序的原理。

7. 实验报告

① 简述实验线路的相序检测原理。

② 根据 U、I、P 三表测定的数据，计算出 $\cos\phi$，并与 $\cos\phi$ 表的读数比较，分析误差原因。

③ 分析负载性质与 $\cos\phi$ 的关系。

④ 心得体会及其他。

 习题

4-1 填空题

1. 三相对称电压就是三个频率_____、幅值_____、相位互差_____的三相交流电压。

2. 三相电源相线与中性线之间的电压称为_____。

3. 三相电源相线与相线之间的电压称为_____。

4. 有中线的三相供电方式称为_____。

5. 无中线的三相供电方式称为_____。

6. 在三相四线制的照明电路中，相电压是_____V，线电压是_____V。

7. 在三相四线制电源中，线电压等于相电压的_____倍，相位比相电压_____。

8. 三相四线制电源中，线电流与相电流_____。

9. 三相对称负载三角形电路中，线电压与相电压_____。

10. 三相对称负载三角形电路中，线电流大小为相电流大小的_____倍、线电流比相应的相电流_____。

11. 在三相对称负载三角形连接的电路中，线电压为220V，每相电阻均为110Ω，则相电流 $I_P =$ _____，线电流 $I_L =$ _____。

12. 对称三相电路 Y 形连接，若相电压为 $u_A = 220\sin(\omega t - 60°)$V，则线电压 $u_{AB} =$ _____V。

13. 在对称三相电路中，已知电源线电压有效值为380V，若负载作星形连接，负载相电压为_____；若负载作三角形连接，负载相电压为_____。

14. 对称三相电路的有功功率 $P = \sqrt{3} U_L I_L \cos\phi$，其中 ϕ 角为_____与_____的夹角。

4-2 选择题

1. 下列结论中错误的是_____。

   A. 当负载作△连接时，线电流为相电流的 $\sqrt{3}$ 倍。

   B. 三相负载越接近对称，中线电流就越小。

   C. 当负载作 Y 连接时，线电流必等于相电流。

2. 已知对称三相电源的相电压 $u_A = 10\sin(\omega t + 60°)$V，相序为 A—B—C，则当电源星形连接时线电压 u_{AB} 为_____V。

   A. $10\sin(\omega t + 90°)$ B. $17.32\sin(\omega t + 90°)$

   C. $17.32\sin(\omega t - 30°)$ D. $17.32\sin(\omega t + 150°)$

3. 若要求三相负载中各相电压均为电源相电压，则负载应接成_____。

   A. 三角形连接   B. 星形无中线   C. 星形有中线

4. 若要求三相负载中各相电压均为电源线电压，则负载应接成_____。

A. 三角形连接　　　　　B. 星形有中线　　　　　C. 星形无中线

5. 对称三相交流电路，三相负载为△连接，当电源线电压不变时，三相负载换为 Y 连接，三相负载的相电流应_____。

A. 增大　　　　　　　　B. 减小　　　　　　　　C. 不变。

6. 对称三相交流电路中，三相负载为△连接，当电源电压不变，而负载变为 Y 连接时，对称三相负载所吸收的功率_____。

A. 增大　　　　　　　　B. 减小　　　　　　　　C. 不变。

7. 三相负载对称星形连接时_____。

A. $I_L = I_P$　$U_L = \sqrt{3} U_P$　　B. $I_L = \sqrt{3} I_P$　$U_L = U_P$

C. 不一定　　　　　　　　D. 都不正确

8. 三相对称负载作三角形连接时_____。

A. $I_L = \sqrt{3} I_P$　$U_L = U_P$　　B. $I_L = I_P$　$U_L = \sqrt{3} U_P$

C. 不一定　　　　　　　　D. 都不正确

4-3　计算题

1. 已知题图 4.1 示三个电压源的电压分别为：

$$u_a = 220\sqrt{2}\cos(\omega t + 10°)$$
$$u_b = 220\sqrt{2}\cos(\omega t - 110°)$$
$$u_c = 220\sqrt{2}\cos(\omega t + 130°)$$

求：（1）3 个电压的和；（2）u_{ab}，u_{bc}；（3）画出它们的相量图。

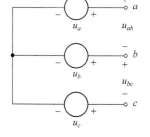

题图 4.1

2. 对称三相电路的线电压 $u_L = 380\text{V}$，负载阻抗 $Z = (12 + j16)\Omega$。试求：

(1) 星形连接负载时的线电流及吸收的总功率；

(2) 三角形连接负载时的线电流、相电流和吸收的总功率；

(3) 比较（1）和（2）的结果，能得到什么结论？

第5章 线性动态电路分析

学习目标

① 熟悉换路定律与电压和电流初始值的确定,了解微分方程的建立。
② 掌握 RC 电路、RL 电路的零输入响应和零状态响应。
③ 掌握一阶线性电路分析的三要素法。

5.1 换路定律

5.1.1 电路动态过程的产生

前面讨论的直流电路、交流电路,所描述的电压、电流是恒定不变或按周期性规律变化,电路的这种工作状态称为稳态。但是,像自然界中许多现象一样,电路的稳定状态并不是一下子就达到的,要经历一个逐渐变化的过程。在含有储能元件——电容或电感的电路中,当电路的结构或元件的参数发生改变时,电路从一种稳定状态变化到另一种稳定状态,需要经历一个动态变化的中间过程,称为电路的动态过程(也称为过渡过程),这类电路称为动态电路。

分析表明,电路产生动态过程有内、外两种原因,内因是电路中存在储能元件 L 或 C,外因是电路的结构或参数发生改变,如开关的闭合或断开、元件参数的改变,一般称为"换路"。

5.1.2 换路定律

换路使含有储能元件的电路的能量发生变化,但能量变化是个渐变过程,不能跃变。电容储存的电场能量为 $\frac{1}{2}Cu_C^2$,电场能量不能跃变,表现为电容上的电压 u_C 不能跃变。电感储存的磁场能量为 $\frac{1}{2}Li_L^2$,磁场能量不能跃变,表现为电感中的电流 i_L 不能跃变。

设 $t=0$ 为换路瞬间,$t=0_-$ 为换路前一瞬间,$t=0_+$ 为换路后的一瞬间。从 $t=0_-$ 到 $t=0_+$ 瞬间,电容元件上的电压和电感元件上的电流不能跃变,即

$$\begin{cases} u_C(0_+)=u_C(0_-) \\ i_L(0_+)=i_L(0_-) \end{cases} \tag{5-1}$$

式(5-1) 称为换路定律。

应当注意,除了电容电压 u_C 和电感电流 i_L 不能跃变,其他的量如电容电流 i_C、电感电压 u_L、电阻电压 u_R 和电流 i_R 均不受此限制。

5.1.3 电压、电流初始值的计算

电路动态过程的初始值是指在换路后 $t=0_+$ 时刻的电压和电流值。按下列步骤计算初始值。

① 根据换路前的电路求解换路前瞬间,即 $t=0_-$ 时刻的 $u_C(0_-)$ 和 $i_L(0_-)$。在换路之前,若电路已达稳定状态,则电容元件相当于开路,电感元件相当于短路。

② 根据换路定律,求解换路后瞬间,即 $t=0_+$ 时刻的 $u_C(0_+)$ 和 $i_L(0_+)$。

$$u_C(0_+)=u_C(0_-)$$
$$i_L(0_+)=i_L(0_-)$$

画 $t=0_+$ 时刻的等效电路图。若 $u_C(0_+)=0$,等效为短路;$u_C(0_+)=U_0$,等效为电压源。若 $i_L(0_+)=0$,等效为开路;$i_L(0_+)=I_0$,等效为电流源。根据基尔霍夫定律,求其他电压和电流在 $t=0_+$ 时的值。

例 5.1 电路如图 5.1 所示,已知 $u_C(0_-)=0$,$i_L(0_-)=0$。在 $t=0$ 时合上开关,求 $u_C(0_+)$,$i_L(0_+)$,$u_L(0_+)$,$u_R(0_+)$。

解:根据换路定律,在开关合上后 $t=0_+$ 瞬间有:
$u_C(0_+)=u_C(0_-)=0$,电容相当于短路;
$i_L(0_+)=i_L(0_-)=0$,电感相当于开路。
通过电阻 R 的电流为零,则 $u_R(0_+)=0$。
所以
$$u_L(0_+)=U_S$$

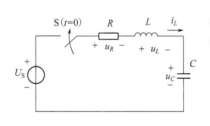

图 5.1 例 5.1 电路

5.2 RC 电路的过渡过程

在动态电路中,只含有一种储能元件的电路称为一阶电路,这是由于这类电路的数学分析涉及一阶微分方程。一阶电路分为 RC 电路和 RL 电路两种。在电路分析中,"激励"和"响应"是经常提到的"词语",简单地说,施加于电路的信号(如电源)称为"激励",对激励做出的反应(如电压电流)称为"响应"。在一阶电路中,若外加输入电源为零,仅由储能元件的初始储能所激发的响应,称为零输入响应。电路的初始状态为零时,电路仅由外

加电源作用产生的响应，称为零状态响应。初始状态和输入都不为零时的响应，称为全响应。

5.2.1 RC电路的零输入响应

在图5.2所示RC串联电路中，开关合上前电容已充电，$u_C(0_-)=U_0$，外施电源为零，求开关合上后电路的零输入响应$u_C(t)$。

换路后，由于u_C不能跃变，$u_C(0_+)=u_C(0_-)=U_0$，而$u_R(0_+)=u_C(0_+)=U_0$，故电流从零跃变为$\dfrac{U_0}{R}$。随后，电容逐渐放出能量，电压随之下降，电流相应减小，当能量全部放出时，其电压、电流也都衰减到零，此时放电过程结束。下面通过数学分析找出放电过程中电压和电流的变化规律。

根据基尔霍夫定律，
$$u_R - u_C = 0$$

其中
$$u_R = Ri = -RC\frac{\mathrm{d}u_C}{\mathrm{d}t}$$

则电路方程为
$$RC\frac{\mathrm{d}u_C}{\mathrm{d}t} + u_C = 0$$

解之得
$$u_C(t) = U_0 \mathrm{e}^{-\frac{t}{RC}}$$

电容电流
$$i(t) = -C\frac{\mathrm{d}u_C}{\mathrm{d}t} = \frac{U_0}{R}\mathrm{e}^{-\frac{t}{RC}}$$

这就是电容的初始储能在电路中引起的零输入响应。不难看出，这些电压、电流均按同一规律变化，变化的快慢取决于RC的乘积。设$\tau = RC$，称为RC电路的时间常数，则有

$$u_C(t) = U_0 \mathrm{e}^{-\frac{t}{\tau}} \tag{5-2}$$

$$i(t) = -\frac{U_0}{R}\mathrm{e}^{-\frac{t}{\tau}}$$

下面以u_C为例说明时间常数τ的意义。当$t=0$时，$u_C(0)=U_0$；当$t=\tau$时，$u_C(\tau)=U_0\mathrm{e}^{-1}=0.368U_0$，即时间常数$\tau$等于零输入响应衰减到初始值的36.8%所经历的时间。时间常数τ越大，电压、电流衰减的速度就越慢；τ越小，电压、电流衰减的速度就越快。τ值决定了一阶电路过渡过程的时间长短，是动态电路的一个重要参数。根据表5.1所列的数据，可以画出$u_C(t)$和$i(t)$的变化曲线，如图5.3。

表 5.1 参数数据

t	0	τ	2τ	3τ	4τ	5τ	∞
u_C	U_0	$0.368U_0$	$0.135U_0$	$0.05U_0$	$0.018U_0$	$0.007U_0$	0

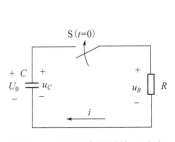

图5.2 RC电路的零输入响应

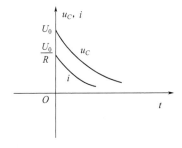

图5.3 RC电路变化规律

可以看出，从理论上说，放电过程需要延续无限长时间，但实际上只要经过$(3\sim5)\tau$的时间，就可以认为放电过程（过渡过程）基本结束。式(5-2)可以改写为

$$u_C(t)=u_C(0_+)e^{-\frac{t}{\tau}} \tag{5-3}$$

例5.2 图5.4(a)所示电路中，已知$R_1=6\text{k}\Omega$，$R_2=8\text{k}\Omega$，$R_3=3\text{k}\Omega$，$C=5\mu\text{F}$，$u_C(0_-)=6\text{V}$，$t=0$时开关闭合。求$t\geqslant0$时的电容电压和电流。

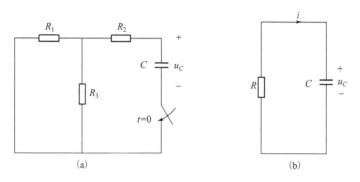

图5.4 例5.2电路

解： 开关闭合瞬间u_C不能跃变，故

$$u_C(0_+)=u_C(0_-)=6\text{V}$$

换路后的电路如图5.4(b)所示，图中：

$$R=R_2+\frac{R_1R_3}{R_1+R_3}=8+\frac{6\times3}{6+3}=10(\text{k}\Omega)$$

故

$$\tau=RC=10\times10^3\times5\times10^{-6}=0.05(\text{s})$$

所以

$$u_C(t)=u_C(0_+)e^{-\frac{t}{\tau}}=6e^{-\frac{t}{0.05}}=6e^{-20t}(\text{V})$$

$$i(t)=C\frac{du_C(t)}{dt}=5\times10^{-6}\times6e^{-20t}\times(-20)=-0.6e^{-20t}(\text{mA})$$

5.2.2 RC电路的零状态响应

在图5.5中，已知开关合上前电容处于零状态，$u_C(0_-)=0$。$t=0$时开关闭合，电容与电压源接通，随后电压源通过电阻向电容充电。由于换路瞬间u_C不能跃变，$u_C(0_+)=u_C(0_-)=0$，输入电压全部加在电阻上，电流由零跃变为$\frac{U_S}{R}$。随着充电过程的进行，电压u_C随之上升，电流不断减小，直到$u_C=U_S$，$i=0$，充电过程结束，电路进入稳定状态。

由电路可知，换路后

$$Ri+u_C=U_S$$

即

$$RC\frac{du_C}{dt}+u_C=U_S$$

解之得

$$u_C(t)=U_S(1-e^{-\frac{t}{RC}})$$

电流

$$i(t)=\frac{U_S}{R}e^{-\frac{t}{RC}}$$

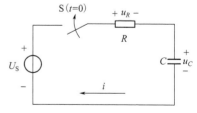

图5.5 RC电路的零状态响应

令 $\tau = RC$,则上式可以写成

$$u_C(t) = U_S(1 - e^{-\frac{t}{\tau}}) \tag{5-4}$$

$$i(t) = \frac{U_S}{R} e^{-\frac{t}{\tau}}$$

上式表明,在 RC 电路充电过程中,u_C 及 i 的变化规律也取决于时间常数 $\tau = RC$,τ 值越大,充电过程越长。当 $t \to \infty$ 时,$u_C(\infty) = U_S$,电路进入稳定状态。经过 $(3 \sim 5)\tau$ 的时间,就可以认为充电过程基本结束,稳定状态基本建立,$u_C(\infty)$ 称为稳态值。式(5-4)可以改写为

$$u_C(t) = u_C(\infty)(1 - e^{-\frac{t}{\tau}}) \tag{5-5}$$

例 5.3 电路如图 5.6 所示,电源 $U_S = 12V$,$t = 0$ 时开关闭合,$u_C(0_-) = 0$,$R_1 = 3k\Omega$,$R_2 = 6k\Omega$,$C = 5\mu F$。

试求:(1) 电容电压的初始值 $u_C(0_+)$;
(2) 电路的时间常数 τ;
(3) $t \geq 0$ 时的电容电压 $u_C(t)$。

解:(1) 根据换路定律,电容电压的初始值

$$u_C(0_+) = u_C(0_-) = 0V$$

(2) 为求时间常数,需求出等效电阻 R

$$R = R_1 // R_2 = \frac{3 \times 6}{3 + 6} = 2(k\Omega)$$

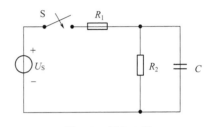

图 5.6 例 5.3 图

故时间常数 $\tau = RC = 2 \times 10^3 \times 5 \times 10^{-6} = 10(\text{ms})$

(3) 求 $u_C(t)$

因为 $u_C(0_+) = u_C(0_-) = 0V$,电容的初始状态为零,电路为零状态响应。

$$u_C(\infty) = \frac{R_2}{R_1 + R_2} U_S = 8V$$

所以 $u_C(t) = u_C(\infty)(1 - e^{-\frac{t}{\tau}}) = 8(1 - e^{-100t})V$

5.3 RL 电路的过渡过程

RL 电路过渡过程的分析方法与 RC 电路相同。

5.3.1 RL 电路的零输入响应

在图 5.7 中,开关由 1 合向 2 前,$i_L(0_-) = \frac{U_S}{R_1} = I_0$。在 $t = 0$ 时,开关由 1 合向 2。由于电感电流在换路瞬间不能跃变,$i_L(0_+) = i_L(0_-) = I_0$,电感所储存的能量通过电阻 R 释放。随着放电过程的进行,电感电流逐渐减小,当能量全部放出时,电流衰减到零,此时放电过程结束。

换路后,电路如图 5.8。由电路图可知:

$$u_L = u_R = 0$$

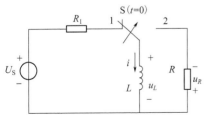

图 5.7 RL 电路的零输入响应

即
$$\frac{L}{R} \cdot \frac{\mathrm{d}i_L}{\mathrm{d}t} + i_L = 0$$

解之得
$$i_L(t) = I_0 \mathrm{e}^{-\frac{R}{L}t}$$

$$u_L(t) = L\frac{\mathrm{d}i_L(t)}{\mathrm{d}t} = -RI_0 \mathrm{e}^{-\frac{R}{L}t}$$

$$u_R = Ri = RI_0 \mathrm{e}^{-\frac{t}{\tau}}$$

其波形如图 5.9 所示。上式表明，RL 电路的零输入响应也是衰减的指数函数，各处的电压、电流具有相同的变化规律，并取决于 $\frac{L}{R}$。$\frac{L}{R}$ 是 RL 电路的时间常数，用 τ 表示，其含义与 RC 电路中的 τ 一样。故上式可表示为：

$$i_L(t) = I_0 \mathrm{e}^{-\frac{t}{\tau}} = i_L(0_+) \mathrm{e}^{-\frac{t}{\tau}} \tag{5-6}$$

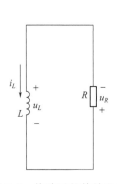

图 5.8 换路后的等效电路

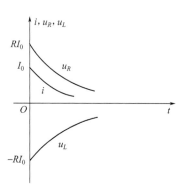

图 5.9 RL 电路零输入响应波形图

5.3.2 RL 电路的零状态响应

在图 5.10 中，已知电感线圈在开关合上前，电流的初始值为零，$i_L(0_-)=0$，开关合上后，电源通过电阻 R 对电感充电，产生零状态响应。随着充电过程的进行，电流 i 逐渐增大，直到 $i = \frac{U_S}{R}$，充电过程结束，电路重新达到稳定状态。$i_L(\infty)$ 称为稳态值。

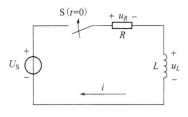

图 5.10 RL 电路的零状态响应

由电路图可知，换路后，
$$u_R + u_L = U_S$$
即
$$\frac{L}{R} \cdot \frac{\mathrm{d}i}{\mathrm{d}t} + i = U_S$$

解之得
$$i_L(t) = \frac{U_S}{R}(1 - \mathrm{e}^{-\frac{R}{L}t})$$

令 $\tau = \frac{L}{R}$，则

$$i_L(t) = \frac{U_S}{R}(1 - \mathrm{e}^{-\frac{t}{\tau}}) = i_L(\infty)(1 - \mathrm{e}^{-\frac{t}{\tau}}) \tag{5-7}$$

例 5.4 图 5.11 所示电路中，已知 $R_1=1\Omega$，$R_2=R_3=2\Omega$，$L=2H$，$U_S=6V$，开关 S 长时间合在"1"位置，$t=0$ 时将开关扳到位置"2"。求电感元件上的电流 i。

解： 换路前，电路为稳定状态，此时，电感 L 可以看作短路，则 $i(0_-)=\dfrac{U_S}{R_1+R_2}=2A$

根据换路定律，$i(0_+)=i(0_-)=2A$

电路为零输入响应，故 $i=i(0_+)e^{-\frac{t}{\tau}}$

换路后，连接在电感元件两端的等效电阻
$$R=R_2+R_3=4\Omega$$

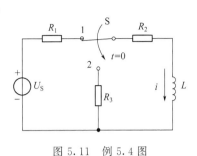

图 5.11 例 5.4 图

电路的时间常数
$$\tau=\frac{L}{R}=\frac{2}{4}=0.5s$$

代入公式，得到
$$i=i(0_+)e^{-\frac{t}{\tau}}=2e^{-2t}A$$

5.4 一阶电路过渡过程的三要素法

一阶电路的全响应是零输入响应和零状态响应的叠加，响应规律（电容电压或电感电流）可以由初始值 $f(0_+)$、稳态值 $f(\infty)$ 和时间常数 τ 三个要素决定。即
$$f(t)=[f(0_+)-f(\infty)]e^{-\frac{t}{\tau}}+f(\infty) \quad (t\geqslant 0) \tag{5-8}$$

在式(5-8)中，只要知道初始值、稳态值和时间常数这三个要素，便可以简便地求解一阶电路的全响应，这种方法称为三要素法。

三要素公式描述了一阶电路响应的各种可能性。实际上一阶电路响应可以归结为两种趋向——增加或衰减。当某电路的稳态值大于初始值时，该电路的变量按指数规律从 $f(0_+)$ 增加到 $f(\infty)$；当某电路的稳态值小于初始值时，该电路的变量按指数规律从 $f(0_+)$ 衰减到 $f(\infty)$。

作为特例，零状态响应的电容电压 u_C 或电感电流 i_L 的初始值为零，即 $u_C(0_+)=0$ 或 $i_L(0_+)=0$，它们按指数规律从零开始增加到 $f(\infty)$。而零输入响应的电容电压 u_C 或电感电流 i_L 的稳态值为零，即 $u_C(\infty)=0$ 或 $i_L(\infty)=0$，它们按指数规律从 $f(0_+)$ 开始衰减为零。

三要素法的关键是确定 $f(0_+)$、$f(\infty)$ 和 τ，求解方法如下：

① 求解初始值。如换路前 $t=0_-$ 时电路是稳定状态，则电容 C 相当于开路，电感 L 相当于短路，由 $t=0_-$ 时刻的等效电路确定 $u_C(0_-)$、$i_L(0_-)$。利用换路定律和 $t=0_+$ 时刻的等效电路求得初始值。

② 求解稳态值 $f(\infty)$。指动态电路换路后的新稳态值，由换路后 $t\to\infty$ 的等效电路求得。此时电容 C 相当于开路，电感 L 相当于短路。

③ 求解时间常数 τ。τ 只与电路的结构和参数有关，对于 RC 电路，$\tau=RC$，对 RL 电路，$\tau=\dfrac{L}{R}$。其中，电阻 R 是换路、除源后，在动态元件两端连接的等效电阻。

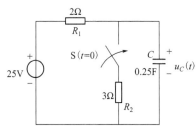

图 5.12 例 5.5 图

例 5.5 电路如图 5.12 所示，开关闭合前，电路已达稳态，$t=0$ 时开关闭合。求开关闭合后的电压 $u_C(t)$。

解： 用三要素法求解。

① 求初始值 $u_C(0_+)$

开关 S 闭合前，电路已达稳态，故
$$u_C(0_-)=25\text{V}$$
根据换路定律，在开关闭合瞬间，有
$$u_C(0_+)=u_C(0_-)=25\text{V}$$

② 求稳态值 $u_C(\infty)$

开关闭合后，$t\to\infty$ 时重新达到稳定状态。此时电容 C 相当于开路，其两端的电压等于电阻 R_2 两端的电压，即
$$u_C(\infty)=\frac{3}{2+3}\times 25=15(\text{V})$$

③ 求时间常数 τ

连接在电容两端的等效电阻
$$R=\frac{2\times 3}{2+3}=1.2(\Omega)$$
时间常数
$$\tau=RC=1.2\times 0.25=0.3(\text{s})$$
得
$$\begin{aligned}u_C(t)&=[u_C(0_+)-u_C(\infty)]\text{e}^{-\frac{t}{\tau}}+u_C(\infty)\\&=(25-15)\text{e}^{-3.33t}+15\\&=(10\text{e}^{-3.33t}+15)\text{V}\end{aligned}$$

例 5.6 图 5.13 所示电路中，换路前电路已处于稳态，$t=0$ 时开关由 "1" 端接至 "2" 端。求换路后的电感电流 $i_L(t)$、电阻电流 $i_2(t)$、$i_3(t)$ 和电感电压 $u_L(t)$。

解： 1. 用三要素法计算电感电流 $i_L(t)$。

（1）求初始值 $i_L(0_+)$

换路前，电路已达稳定状态，电感元件看作短路。则电感电流
$$i_L(0_-)=\frac{10}{10+10}\times 20=10(\text{mA})$$

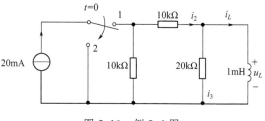

图 5.13 例 5.6 图

根据换路定律，有
$$i_L(0_+)=i_L(0_-)=10\text{mA}$$

（2）求稳态值 $i_L(\infty)$

换路后，$t\to\infty$ 时，电感放电结束，电路重新达到稳定状态，有
$$i_L(\infty)=0$$

（3）求时间常数 τ

换路后，连接在电感两端的等效电阻为
$$R=\frac{20\times(10+10)}{20+10+10}=10(\text{k}\Omega)$$

时间常数
$$\tau = \frac{L}{R} = \frac{10^{-3}}{10^4} = 10^{-7} \text{(s)}$$

（4）将三要素代入公式，得
$$i_L(t) = [i_L(0_+) - i_L(\infty)]e^{-\frac{t}{\tau}} + i_L(\infty)$$
$$= (10-0)e^{-10^7 t} + 0$$
$$= 10e^{-10^7 t} \text{(mA)}$$

2. 根据 KCL、KVL 和 VCR 求出其他电压和电流：
$$u_L(t) = L\frac{\mathrm{d}i_L(t)}{\mathrm{d}t} = 10^{-3} \times 10e^{-10^7 t} \times (-10^7) \times 10^{-3} = -100e^{-10^7 t} \text{(V)}$$
$$i_3(t) = \frac{u_L(t)}{20} = \frac{-100e^{-10^7 t}}{20 \times 10^3} = -5e^{-10^7 t} \text{(mA)}$$
$$i_2(t) = i_L(t) + i_3(t) = 10e^{-10^7 t} - 5e^{-10^7 t} = 5e^{-10^7 t} \text{(mA)}$$

本章小结

1. 动态过程产生的原因：内因是电路包含储能元件，外因是换路。其实质是能量不能跃变。

2. 换路定律：换路时，若向储能元件提供的能量为有限值，则各储能元件的能量不能跃变。具体表现为电容电压或电感电流不能跃变，即
$$u_C(0_+) = u_C(0_-)$$
$$i_L(0_+) = i_L(0_-)$$

3. 一阶动态电路的响应规律

（1）一阶电路的零输入响应（输入激励信号为零，仅由储能元件的初始储能所激发的响应）

RC 放电电路： $u_C(t) = u_C(0_+)e^{-\frac{t}{\tau}}$

RL 放电电路： $i_L(t) = i_L(0_+)e^{-\frac{t}{\tau}}$

（2）一阶电路的零状态响应（储能元件的初始储能为零，仅由外加电源作用产生的响应）

RC 充电电路： $u_C(t) = u_C(\infty)(1 - e^{-\frac{t}{\tau}})$

RL 充电电路： $i_L(t) = i_L(\infty)(1 - e^{-\frac{t}{\tau}})$

（3）一阶电路的全响应（初始状态和输入都不为零的电流的响应）

全响应＝零输入响应＋零状态响应

即 $f(t) = f(0_+)e^{-\frac{t}{\tau}} + f(\infty)(1 - e^{-\frac{t}{\tau}})$

4. 一阶电路的三要素法
$$f(t) = [f(0_+) - f(\infty)]e^{-\frac{t}{\tau}} + f(\infty) \quad (t \geq 0)$$

只要知道初始值 $f(0_+)$、稳态值 $f(\infty)$ 和时间常数 τ 这三个要素，便可以简便地求解一阶电路的响应。

习题

5-1　简答题

1. 是否任何电路发生换路时都会产生过渡过程？
2. 在根据换路定律求换路瞬时初始值时，电感和电容有时看作开路或短路，有时又看作电压源或电源源，试说明这样处理的条件。
3. 用三要素法求一阶电路的响应时，其初始值用 $f(0_-)$ 可不可以？
4. 电容的初始电压越高，放电的时间越长，这种说法对否？
5. 某电路的电流为 $i_L(t)=10+2e^{-10t}$ A，试问它的三要素各为多少？

5-2　计算题

1. 电路如题图 5.1 所示，已知 $U_S=12$V，$R_1=4\Omega$，$R_2=8\Omega$，在 S 闭合前，电路已处于稳态。当 $t=0$ 时 S 闭合。试求 S 闭合时初始值 $i_1(0_+)$，$i_2(0_+)$，$i_c(0_+)$。

2. 如题图 5.2 的电路中，已知 $U_S=25$V，$R_1=20\Omega$，$R_2=5\Omega$，$C=1$F。在 $t=0$ 时，开关 S 闭合，闭合前电路处于稳态。求换路后的电容电压 $u_C(t)$。

3. 如题图 5.3 的电路中，已知 $U_S=10$V，$I_S=3$A，$R_1=1\Omega$，$R_2=4\Omega$，$R_3=2\Omega$，$C=3$F，在 $t=0$ 时开关 S_1 打开，S_2 闭合，$t<0$ 时，电路已达稳态，求 $t>0$ 时 $U_c(t)$。

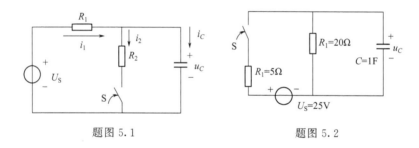

题图 5.1　　　　　　题图 5.2

4. 如题图 5.4 所示 RC 串联电路中，已知，$U_S=220$V，$R=200\Omega$，$C=1\mu$F，电容事先未充电，在 $t=0$ 时合上开关 S。求：（1）时间常数 τ；（2）最大充电电流 i_{max}；（3）u_C、u_R、i。

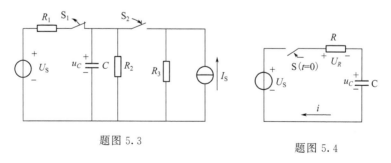

题图 5.3　　　　　　题图 5.4

5. 电路如题图 5.5 所示，在 $t=0$ 时，合上开关 S，$i_L(0_-)=0.5$A，$U_S=10$V，$L=1$H、$R_1=R_2=R_3=2\Omega$，求换路后的 $i(t)$ 和 $u_L(t)$。

6. 如题图 5.6 所示，$t<0$ 时，电路已达到稳态，在 $t=0$ 时将开关 S 打开。已知，$U_S=10\text{V}$，$R_1=10\Omega$，$R_2=10\Omega$，$R_3=20\Omega$，$R_4=20\Omega$，$L=1\text{H}$。试求换路后 $i_1(t)$、$i_2(t)$、$i_3(t)$。

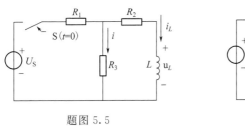

题图 5.5

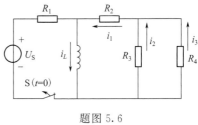

题图 5.6

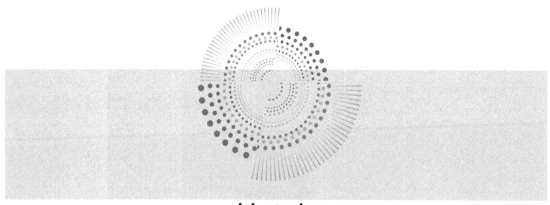

第6章
磁路和变压器

学习目标

① 复习磁场的基本知识。
② 掌握磁路的欧姆定律和磁性物质的磁化情况。
③ 会分析简单交流铁芯线圈电路。
④ 掌握变压器的运行原理及其应用。
⑤ 理解特殊变压器。

工程中应用的各种电机、电器、电工测量仪表、控制及保护装置都离不开铁芯线圈,它们存在着电与磁之间的相互作用和相互转化,其中线圈构成电路,铁芯构成磁路,因此它既有电路的问题,也有磁路的问题。电路的基本理论已在前面讨论分析过,而磁路的一些基本理论将在本章讨论。学习磁路的主要目的是要了解磁场的基本性质以及电与磁的相互联系。本章就在磁路的基础上研究分析变压器的运行原理。

6.1 电磁感应基础

丹麦物理学家奥斯特发现,电流能够产生磁场,即电流有磁效应,通电直导体周围磁场的强弱与电流强度有关,电流越大,磁场越强。空间某一点磁场强弱与距离通电导体的远近有关,距通电导体越近,磁场就越强。通电直导体周围磁场的方向可以用右手螺旋法则(安培定则)来判断。

把导线一圈圈地密绕在空心圆筒上,就制成了螺线管。通电后,由于每匝线圈产生的磁场相互叠加，因而在内部能产生较强的磁场。螺线管周围的磁场与棒形磁铁的磁场相似。变压器、电机、磁电式仪表等电工设备，为了获得较强的磁场，常常将线圈缠绕在有一定形状的铁芯上。常用的几种磁路如图 6.1 所示。

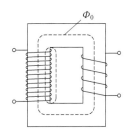 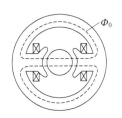 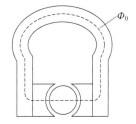

图 6.1 常用的几种磁路

6.1.1 基本定义

1. 磁感应强度

磁场的强弱称为磁感应强度。实验证明，长度 L 和通过的电流 I 一定的通电导体，在不同的磁场中受到的电磁力是不同的。通电导体在磁场中某处所受的最大电磁力 F 与通电导体有效长度 L 和电流 I 的乘积之比，定义为该处的磁感应强度，用 B 表示：

$$B = \frac{F}{IL} \tag{6-1}$$

B 的单位为特斯拉（T），磁感应强度的方向规定为该处小磁针 N 极所受力的方向，也即静止时 N 极所指的方向。磁感应强度可以用磁感线表示，磁感线上某点的切线方向就是该点磁感应强度的方向。如果磁场中各点的磁感应强度的大小和方向都相同，则称之为匀强磁场。

2. 磁通

磁感应强度 B 和与其垂直的某一截面 S 的乘积称为通过该面积的磁通 Φ。在匀强磁场中，磁感应强度 B 是一常数，磁通的定义式为

$$\Phi = BS \tag{6-2}$$

Φ 的单位是韦伯（Wb），表示通过 S 面的磁感线的多少。

3. 通电螺线管的磁场

通电螺线管的长度远大于管径时，产生的磁场基本上集中在螺线管内部，且基本上是匀强磁场。实验表明，细长的通电螺线管内的磁场的磁感应强度 B 的大小与螺线管中的电流成正比，与螺线管的匝数 N 成正比，而与螺线管的长度 L 成反比，即

$$B = \mu \frac{NI}{L} \tag{6-3}$$

其中 μ 的大小取决于通电螺线管内部的铁芯材料，称作磁导率，磁导率的大小反映了磁性材料的导磁能力。

4. 磁动势、磁场强度

螺线管内的磁感应强度的大小决定于线圈的匝数 N 与通入的电流 I 的乘积，这个乘积称为磁动势，用字母 E 表示，即

$$E = NI \tag{6-4}$$

由式(6-3)可以看出，螺线管内磁场的强弱不仅与磁动势及内部磁介质的磁导率有关，而且与螺线管的长度有关。作用在螺线管单位长度上的磁动势称为磁场强度，用 H 表示，即

$$H = \frac{NI}{L} \tag{6-5}$$

则螺线管内部的磁感强度为

$$B = \mu \frac{NI}{L} = \mu H$$

5. 相对磁导率

μ 称为磁性材料的磁导率，螺线管内部磁性材料的磁导率为

$$\mu = \frac{B}{H} \tag{6-6}$$

真空的磁导率用 μ_0 表示，实验测定：$\mu_0 = 4\pi \times 10^{-1} \mathrm{H/m}$。

将某种物质的磁导率与真空的磁导率的比值称为该种物质的相对磁导率，用 μ_r 表示，即

$$\mu_r = \frac{\mu}{\mu_0} \tag{6-7}$$

6. 磁路与磁通

线圈通电后产生磁场，磁通分布在线圈的周围空间。如将相同的线圈绕在闭合铁芯上，线圈中流出的磁通大部分是沿铁芯内部流动的，称为主磁通，通过主磁通的闭合路径称为磁路。

L 为螺线环的长度，设其截面积为 S，则穿过它的磁通量 Φ 为

$$\Phi = BS = \mu \frac{NIS}{L} = \frac{NI}{\dfrac{L}{\mu S}} \tag{6-8}$$

7. 磁路的欧姆定律

$E = NI$ 称为作用于磁路中的磁动势，令 $R_m = \dfrac{L}{\mu S}$，得

$$\Phi = \frac{E}{R_m} \tag{6-9}$$

上式称为磁路的欧姆定律，R_m 称为磁路中的磁阻，磁阻 R_m 的大小于与磁路的平均长度成正比，与磁路材料的磁导率和横截面积成反比。

8. 电磁感应定律

法拉第通过大量实验发现，电路中感应电动势跟穿过这一电路的磁通量的变化率成正比，这就是电磁感应定律。即

$$E = -N \frac{\mathrm{d}\Phi}{\mathrm{d}t} \tag{6-10}$$

9. 楞次定律

感应电流具有这样的方向，即感应电流的磁场总是阻碍引起感应电流的磁通的变化，这就是楞次定律。若线圈中磁通增加，感应电流的磁场方向与原磁场的方向相反；若线圈中磁通减少，感应电流的磁场方向与原磁场方向相同。

6.1.2 自感

1. 自感

电感器中若通以电流 I，则线圈中产生磁通 Φ。线圈的磁通与它所交链的匝数 N 的乘积称为线圈的磁通链，简称为磁链，用 ψ 表示：

$$\psi = N\Phi \tag{6-11}$$

磁通链 ψ 是电流 I 的函数，即

$$L = \frac{\psi}{I} \tag{6-12}$$

根据 $\Phi = BS = \mu \dfrac{NIS}{L}$，得

$$L = \frac{\psi}{I} = \mu \frac{N^2 S}{L}$$

说明 L 与线圈的匝数、截面积、磁路的长度、材料的磁导率有关，而与是否通有电流无关。

2. 自感电动势

根据电磁感应定律自感电动势为

$$E = -\frac{\mathrm{d}\psi}{\mathrm{d}t}$$

由 $L = \dfrac{\psi}{I}$，得 $\psi = IL$，代入上式得：

$$E = -\frac{\mathrm{d}\psi}{\mathrm{d}t} = -\frac{\mathrm{d}IL}{\mathrm{d}t} = -L\frac{\mathrm{d}I}{\mathrm{d}t}$$

其瞬时值为

$$e = -L\frac{\mathrm{d}i}{\mathrm{d}t} \tag{6-13}$$

此式说明，自感电动势与电流的变化率成正比。式中的负号表示自感电动势将阻碍电流的变化。

6.1.3 磁路与电路的对比

磁路与电路有很多相似之处，如磁路中的磁通由磁通势产生，而电路中的电流由电动势产生；磁路中有磁阻，它使磁路对磁通起阻碍作用，而电路中有电阻，它使电路对电流起阻碍作用；磁阻与磁导率 μ、磁路截面 S 成反比，与磁路长度 l 成正比，而电阻也与电导率 γ、电路导线截面 S 成反比，与电路长度 l 成正比。它们间的对比关系如表 6.1。

表 6.1 磁路与电路各物理量的对应关系

磁路	电路	磁路	电路
磁通势 F	电动势 E	磁阻 $R_\mathrm{m} = \dfrac{l}{\mu S}$	电阻 $R = \dfrac{l}{\gamma S}$
磁通 Φ	电流 I	$\Phi = \dfrac{F}{R_\mathrm{m}}$	$I = \dfrac{E}{R}$

6.2 变压器的用途与结构

变压器是一种静止的电气设备,它利用电磁感应原理,将一种电压等级的交变电压转换为同频率的另一种电压等级的交变电压。因其主要用途是变换电压,故称为变压器。它不仅具有变换电压的作用,还具有变换电流、变换阻抗、改变相位和电磁隔离的功能,在电力系统和电子电路中得到广泛应用。变压器的类型很多,按照电压的升降,可分为升压变压器和降压变压器;按照交流电的相数,可分为单相变压器和三相变压器;按照用途可分为:用于远距离输配电的电力变压器;用于局部照明和控制用的控制变压器;用于调节电压的自耦变压器;用于传递信号用的耦合变压器;测量用的仪用互感器;电加工用的电焊变压器。变压器虽然用途各异,大小悬殊,但是它们的基本原理和结构是类同的。

6.2.1 变压器的基本结构

变压器的结构由于它的使用场合、工作要求及制造等原因而有所不同,其基本结构都相类似,均由铁芯和线圈(或称绕组)组成。

铁芯是变压器的磁路部分,为了减小铁芯损耗,通常用厚度为 0.35mm 或 0.5mm 两面涂有绝缘漆的硅钢片叠装而成(要求高的也有用 0.2mm 或其他合金材料制成)。要求耦合性能强,铁芯都做成闭合形状,其线圈缠绕在铁芯柱上,如图 6.2 所示。对高频范围使用的变压器(数百千赫以上),要求耦合弱一点,绕组就缠绕在"棒形"(不闭合)铁芯上,或制成空心变压器(没有铁芯)。

按线圈套装铁芯的情况不同,可分为芯式和壳式两种,如图 6.2 所示。芯式变压器线圈缠绕在每个铁芯柱上,它的结构较简单,线圈套装也较方便,绝缘也较容易处理,故其铁芯截面是均匀的。电力变压器多采用芯式铁芯结构。

线圈是变压器的电路部分,为降低电阻值,多用导电性能良好的铜线缠绕而成。

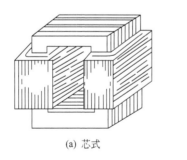
(a) 芯式

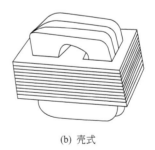
(b) 壳式

图 6.2 变压器铁芯和线圈

6.2.2 工作原理

1. 工作原理分析

图 6.3 为变压器原理示意图。为便于分析,把两个线圈分别画在两个铁芯柱上。接电源的线圈称一次线圈,接负载的线圈称二次线圈,它们

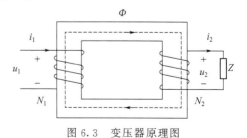

图 6.3 变压器原理图

的匝数分别为 N_1 和 N_2。

一次线圈在交流电压 u_1 作用下，便有电流 i_1 通过，由一次线圈磁通势 $N_1 i_1$ 产生的磁通绝大部分通过铁芯闭合，在二次线圈感应电动势 e_2，接负载后便有电流 i_2 流过二次线圈，二次线圈磁通势 $N_2 i_2$ 产生的磁通也绝大部分通过铁芯闭合，因此铁芯中的磁通由一、二次磁通势共同产生，这个磁通称为主磁通 Φ_0。由于主磁通既交链于一次线圈，又交链于二次线圈，因此分别在两个线圈中感应出电动势 e_1 和 e_2。此外，这两个磁通势又分别产生只交链于本线圈的漏磁通 $\Phi_{1\sigma}$ 和 $\Phi_{2\sigma}$，从而在各自线圈中分别感应出漏感电动势 $e_{1\sigma}$ 和 $e_{2\sigma}$。

2. 电压变换

用基尔霍夫电压定律，对变压器一次电路列出与式(6-13)相同的电动势方程，即

$$\dot{U}_1 = -\dot{E}_1 + R_1 \dot{I}_1 + jX_{1\sigma}\dot{I}_1 \tag{6-14}$$

由于一次线圈电阻 R_1 和漏抗 $X_{1\sigma}$ 很小，因而其漏阻抗压降也很小，相对于主电动势 E_1 可忽略不计，于是

$$U_1 \approx E_1 \tag{6-15}$$

用同样的方法可列出变压器二次电路的电动势方程

$$\dot{U}_2 = \dot{E}_2 - R_2 \dot{I}_2 - jX_\sigma \dot{I}_2 \tag{6-16}$$

式中，R_2 和 $X_{2\sigma} = 2\pi f L_{2\sigma}$ 分别为二次线圈的电阻和漏感抗。

变压器一次线圈接在额定频率和额定电压的电网上，而二次线圈开路的工作方式称为变压器的空载运行。变压器空载时，$I_2 = 0$，则

$$U_{20} = E_2 \tag{6-17}$$

式中，U_{20} 为变压器空载时二次线圈端电压。

又根据式(6-10)，一次线圈感应电动势

$$E_1 = 4.44 f N_1 \Phi_m \tag{6-18}$$

二次线圈感应电动势

$$E_2 = 4.44 f N_2 \Phi_m \tag{6-19}$$

可见，感应电动势与线圈匝数成正比。若一、二次线圈匝数 N_1 和 N_2 不等，则一、二次线圈感应电动势 E_1 和 E_2 也就不等。

一次、二次线圈感应电动势之比称为变压器的变比 K，由上述各式可得

$$K = \frac{E_1}{E_2} = \frac{N_1}{N_2} \tag{6-20}$$

因此变压器的变比也为空载运行时，一次、二次线圈的电压比，它也等于一次、二次线圈的匝数比。

可见，当电源电压一定时，只要改变两线圈匝数比，就可得到不同的输出电压，从而达到变电压的目的，这就是变压器的变压原理。由上式知，电压近似与匝数成正比，匝数多电压就高，匝数少电压就低。欲要降压，就得 $N_1 > N_2$；欲要升压，就得 $N_1 < N_2$。

例 6.1 一理想变压器，已知 $U_1 = 220\text{V}$，$N_1 = 1000$ 匝，$U_2 = 11\text{V}$，求次级匝数 N_2。

解： 由

$$\frac{N_1}{N_2}=\frac{U_1}{U_2}$$

得

$$N_2=N_1\frac{U_2}{U_1}=50(匝)$$

3. 电流变换

变压器一次线圈接在额定频率和额定电压的电网上，而二次线圈与负载相连的工作方式称为变压器的负载运行。此时副边绕组中有电流，原边绕组中的电流增加，但铁芯中的磁通 Φ 和空载时相比基本保持不变，若不计原、副边的阻抗值，仍有

$$U_1 \approx E_1 = 4.44fN_1\Phi_m$$
$$U_2 \approx E_2 = 4.44fN_2\Phi_m$$
$$\frac{U_1}{U_2} \approx \frac{E_1}{E_2} = \frac{N_1}{N_2} = K$$

变压器是一种传送电能的设备，在传送电能的过程中绕组及铁芯中的损耗很小，励磁电流也很小。理想情况下可以认为一次侧视在功率与二次侧视在功率相等，即

$$U_1I_1=U_2I_2$$

所以有

$$\frac{I_1}{I_2}=\frac{U_2}{U_1} \approx \frac{N_2}{N_1}=\frac{1}{K} \tag{6-21}$$

上式表明，变压器具有变换电流的作用，电流大小与其匝数成反比。因此匝数多的绕组电流小，可用细导线绕制，匝数少的绕组电流大，可用粗导线绕制。

例 6.2 有一台降压变压器，原边电压为 220V，原边绕组匝数为 1760 匝，若从副边输出 12V 电压，问：(1) 副边绕组匝数为多少？(2) 若副边绕组电流为 1A，原边绕组电流为多少？

解：

(1) 因为 $\dfrac{N_1}{N_2}=\dfrac{U_1}{U_2}$，故

$$N_2=N_1\frac{U_2}{U_1}=96(匝)$$

(2) 因为 $\dfrac{N_1}{N_2}=\dfrac{I_2}{I_1}$，故

$$I_1=I_2\frac{N_2}{N_1} \approx 54.5\text{mA}$$

4. 阻抗变换

设变压器二次接一阻抗为 $|Z_2|$ 的负载

$$|Z_2|=\frac{U_2}{I_2}$$

这时从一次看进去的阻抗，即为反映到一次的等效阻抗 $|Z_1|$ 则

$$|Z_1|=\frac{U_1}{I_1}$$

因此
$$|Z_1| = \frac{U_1}{I_1} = \frac{KU_2}{\frac{1}{K}I_2} = K^2 \frac{U_2}{I_2} = K^2|Z_2| \tag{6-22}$$

可见，把阻抗为 $|Z_2|$ 的负载接到变比为 K 的变压器二次时，从一次看进去的等效阻抗就变为 $K^2|Z_2|$，从而实现了阻抗的变换。因此可采用不同的变比，把负载阻抗变换为所要求的值。在电子线路和通信工程中，常用此法来实现阻抗的匹配。

例 6.3 已知某收音机输出变压器的一次线圈匝数 $N_1=600$ 匝，二次线圈匝数 $N_2=30$ 匝，原接阻抗为 16Ω 的扬声器。现要改接成 4Ω 的扬声器，试问二次线圈匝数该如何改变？

解：原变比 $\quad K = \dfrac{N_1}{N_2} = \dfrac{600}{30} = 20$

原边阻抗 $\quad |Z_1| = K^2|Z_2| = 20^2 \times 6 = 6400$

$$6400 = \left(\frac{600}{N_2'}\right)^2 \times 4$$

故 $\quad N_2' = 15$ 匝

6.2.3 变压器的使用

1. 变压器的外特性

由式(6-17)知，变压器负载运行时，电源电压不变，当负载（即 I_2）变化时，由于一次、二次线圈漏阻抗压降的结果，变压器二次端电压发生了变化，其变化情况与负载大小和性质有关。当电源电压 U_1 和负载功率因数 $(\cos\varphi_2)$ 一定时，U_2 与 I_2 的变化关系 $U_2 = f(I_2)$ 称为变压器的外特性，它反映了当变压器负载功率因数 $(\cos\varphi_2)$ 一定时，二次端电压随负载电流变化的情况，如图 6.4 曲线所示，曲线 1 为阻性负载情况，曲线 2 为感性负载情况。可见这两种负载的端电压均随负载的增大而下降，且感性负载端电压下降程度较阻性负载大。为反映电压波动（变化）的程度，引入电压变化率 Δu

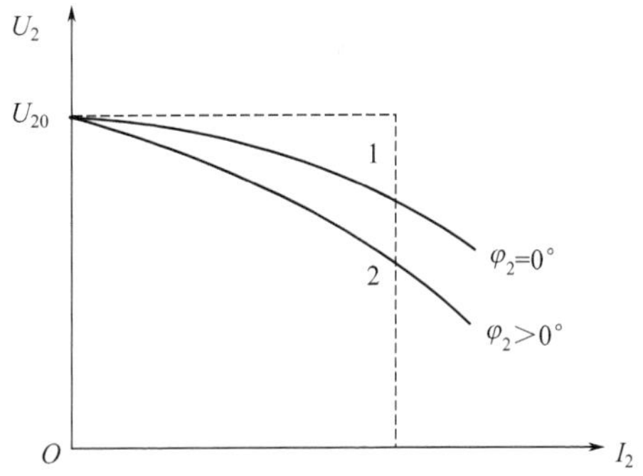

$$\Delta u = \frac{U_{20} - U_2}{U_{20}}$$

图 6.4 变压器外特性图

显然 Δu 越小越好，其值越小，说明变压器二次端电压越稳定。一般变压器的漏阻抗很小，故电压变化率不大，约在 5% 左右。

2. 变压器的损耗和效率

变压器的能量损耗有铜损耗和铁损耗两种，铜损耗是由原、副绕组导线电阻产生的，即铜损为

$$\Delta P_{Cu} = I_1^2 R_1 + I_2^2 R_2$$

铜损与负载电流的大小有关。铁损耗是交变磁通在铁芯中产生的磁滞损耗和涡流损耗，它与铁芯的材料及电源电压 U_1、频率 f 有关而与负载电流大小无关。

总的损耗为

$$\Delta P = \Delta P_{Cu} + \Delta P_{Fe}$$

变压器的效率是变压器的输出功率 P_2 与对应的输入功率 P_1 的比值，通常用百分数表示，即效率为

$$\eta = \frac{P_2}{P_1} \times 100\% = \frac{P_2}{P_2 + \Delta P} \times 100\%$$

通常在满载的 80% 左右时，变压器的效率最高，大型电力变压器的效率可达 99%，小型变压器的效率约 60%~90%。

6.2.4 单相变压器的同名端及其判断

有些单相变压器具有两个相同的一次绕组和几个二次绕组，这样可以适应不同的电源电压和提供几个不同的输出电压。在使用这种变压器时，若需要进行绕组间的连接，则首先应知道各绕组的同名端，才能正确连接，否则可能会导致变压器的损坏。

所谓同名端，与互感绕圈相一致，是指在同一交变磁通的作用下，两个绕组上所产生的感应电压瞬时极性始终相同的端子，同名端又称同相端，同名端用"·"或"＊"标记。在实际中，往往无法辨别绕组的绕向，可根据下面的方法判断同名端：

1. 直流法

如图 6.5 所示，当开关迅速闭合时，毫安表的指针正偏，则 1 和 3 是同名端；反偏则 1 和 4 是同名端。

2. 交流法

如图 6.6 所示，在 1 和 2 端加一交流电压 U_{12}，用电压表量取 U_{12}、U_{34}、U_{13}，$U_{13} = U_{12} - U_{34}$ 时，1 和 3 是同名端；$U_{13} = U_{12} + U_{34}$ 时，1 和 4 是同名端。

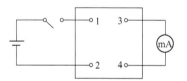

图 6.5　直流法测定绕组同名端

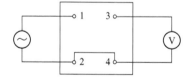

图 6.6　交流法测定绕组同名端

6.2.5 三相变压器

目前在电力系统中，普遍采用三相制供电，用三相电力变压器来变换三相电压。变换三相电压可以采用三台技术指标相同的单相变压器组成三相变压器组来完成，但通常用一台三相变压器来实现。三相变压器有三个原绕组和三个副绕组，其铁芯有三个芯柱，每相的原、副绕组同心装在一个芯柱上。原绕组首端用 A、B、C，末端用 X、Y、Z 表示；副绕组首端用 A、B、C，末端用 x、y、z 表示，如图 6.7 所示。其工作原理同单相变压器工作原理相同。

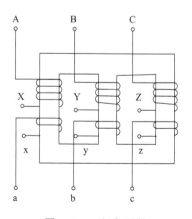

图 6.7　三相变压器

6.3 特殊变压器

变压器的种类很多,除上面讨论的变压器外,还有一些特殊用途的变压器,如多绕组变压器、自耦变压器、工业上常用的电焊变压器、测量用的电压互感器和电流互感器等,它们的工作原理同前述的一般变压器类似,同时有自己的特点。

6.3.1 自耦变压器

图 6.8 是自耦(降压)变压器电路示意图,它的二次线圈是一次线圈的一部分,故其最大特点是一次、二次线圈间不仅有磁的耦合,还有电的联系。一次、二次侧电压、电流关系为

$$\frac{U_1}{U_2}=\frac{N_1}{N_2}=K, \quad \frac{I_1}{I_2}=\frac{N_2}{N_1}=\frac{1}{K}$$

所以只要适当选择 N_2,即可在二次侧获得所需的电压。自耦变压器可用于升压,也可用于降压。

实验室中常用的调压器就是一种可以改变二次线圈匝数的自耦变压器,其外形及电路如图 6.9,转动手柄可改变二次线圈匝数,从而达到调压目的。其一次输入 220V 或 110V 电压,二次输出电压可由 0 均匀变化到 250V。接线时从安全角度考虑,需把电源的零线接至 1 端子。若把相线接在 1 端子,调压器输出电压即使为零(端子 5 与 4 重合,$N_2=0$),但端子 5 仍为高电位,用手触摸时有危险。

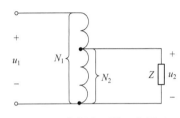

图 6.8 自耦变压器工作原理

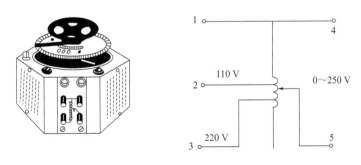

图 6.9 调压器的外形和电路

6.3.2 仪用互感器

在生产和科学实验中,经常要测量交流电路的高电压和大电流,如果直接使用电压表和电流表进行测量,就存在一定的困难,同时对操作者也不安全,因此利用变压器既可变压又可变流的原理,制造了供测量使用的变压器,称之为仪用互感器,它分为电压互感器和电流互感器两种。

使用互感器有两个目的：一是使测量回路与被测量回路隔离，从而保证工作人员的安全；二是可以使用普通量程的电压表和电流表测量高电压和大电流。

互感器除用以测量电压和电流外，还用于各种继电保护的测量系统，因此应用十分广泛。下面分别对电压互感器和电流互感器进行介绍。

1. 电压互感器

电压互感器实质上就是一个降压变压器，其工作原理和结构与双绕组变压器基本相同。图 6.10 是电压互感器的原理图，它的一次绕组匝数 N_1 很多，直接并联到被测的高压线路上；二次绕组匝数 N_2 较少，接高阻抗的测量仪表（如电压表或其他仪表的电压线圈）。

由于电压互感器的二次绕组所接仪表的阻抗很高，二次电流很小，近似等于零，所以电压互感器正常运行时相当于降压变压器的空载运行状态。根据变压器的变压原理，有

$$\frac{U_1}{U_2}=\frac{N_1}{N_2}=K$$
$$U_2=U_1/K \tag{6-23}$$

式(6-23)表明，利用一、二次绕组的不同匝数，电压互感器可将被测量的高电压转换成低电压进行测量。电压互感器的二次侧额定电压一般都设计为 100V，而固定的板式电压表表面的刻度则按一次侧的额定电压来刻度，因而可以直接读数。电压互感器的额定电压等级有 3000V/100V、10000V/100V 等。

使用电压互感器时，应注意以下几点：

① 电压互感器在运行时二次绕组绝对不允许短路。因为如果二次侧发生短路，则短路电流很大，会烧坏互感器。因此使用时，二次侧电路中应串接熔断器作短路保护。

② 电压互感器的铁芯和二次绕组的一端必须可靠接地，以防止高压绕组绝缘损坏时，铁芯和二次绕组带上高电压而造成的事故。

③ 电压互感器有一定的额定容量，使用时二次侧不宜接过多的仪表，以免影响电压互感器的准确度。我国目前生产的电力电压互感器，按准确度分为 0.5、1.0 和 3.0 等三级。

2. 电流互感器

电流互感器类似于一个升压变压器，它的一次绕组匝数 N_1 很少，一般只有一匝到几匝；二次绕组匝数 N_2 很多。使用时，一次绕组串联在被测线路中，流过被测电流，而二次绕组与电流表等阻抗很小的仪表接成闭路，如图 6.11 所示。

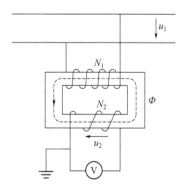

图 6.10 电压互感器原理图

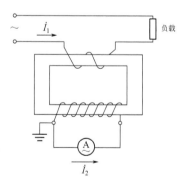

图 6.11 电流互感器原理图

由变压器的工作原理可得

$$\frac{I_1}{I_2}=\frac{N_2}{N_1}=\frac{1}{K}$$

$$I_1=I_2/K \tag{6-24}$$

由式(6-24)可知，利用一、二次绕组的不同匝数，电流互感器可将线路上的大电流转成小电流来测量。通常电流互感器的二次侧额定电流均设计为5A（或1A），当与测量仪表配套使用时，电流表按一次侧的电流值标出，即从电流表上直接读出被测电流值。另外，二次绕组可能有很多抽头，可根据被测电流的大小适当选择。电流互感器的额定电流等级有100A/5A、500A/5A、2000A/5A等。按照测量误差的大小，电流互感器的准确度分为0.2、0.5、1.0、3.0和10.0等五个等级。

使用电流互感器时，应注意以下三点：

① 电流互感器在运行时二次绕组绝对不允许开路。如果二次绕组开路，电流互感器就成为空载运行状态，被测线路的大电流就全部成为励磁电流，铁芯中的磁通密度就会猛增，磁路严重饱和，一方面造成铁芯过热而毁坏绕组绝缘，另一方面，二次绕组将会感应产生很高的尖峰脉冲电压，可能使绝缘击穿，危及仪表及操作人员的安全。因此，电流互感器的二次绕组电路中，绝对不允许装熔断器；运行中如果需要拆下电流表等测量仪表，应先将二次绕组短路。

② 电流互感器的铁芯和二次绕组的一端必须可靠接地，以免绝缘损坏时，高电压传到低压，危及仪表及人身安全。

③ 电流表的内阻抗必须很小，否则会影响测量精度。

另外，在实际工作中，为了方便在带电现场检测线路中的电流，工程上常采用一种钳形电流表，其外形结构如图6.12所示，其工作原理和电流互感器的相同。

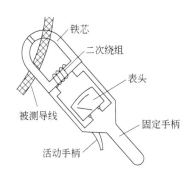

图 6.12 电流互感器原理接线图

其结构特点是：铁芯像一把钳子可以张合，二次绕组与电流表串联组成一个闭合回路。在测量导线中的电流时，不必断开被测电路，只要压动手柄，将铁芯钳口张开，把被测导线夹于其中即可，此时被测载流导线就充当一次绕组（只有一匝），借助电磁感应作用，由二次绕组所接的电流表直接读出被测导线中电流的大小。一般钳形电流表都有几个量程，使用时应根据被测电流值适当选择量程。

本章小结

1. 电磁感应基础为电生磁、磁生电，在磁场中的电流会受到磁场力的作用，穿过闭合电路中的磁通量发生变化时将产生感生电动势，此电动势的大小与磁通量的变化率成正比。穿过线圈的电流发生变化时，此电流产生的磁场在自身线圈中也要产生感应电动势，该电动势被称为自感电动势，在邻近线圈中也会产生电动势，此电动势称为互感电动势。

2. 变压器在电力系统和电子线路中应用广泛，其任务是输送能量或传递信号。只有变化的电流才会产生感应电流，在此过程中，表现出电压变换、电流变换和阻抗变换作用。

3. 正确理解单相变压器的额定值和判断它的同名端。

4. 变压器的运行特性、损耗及效率。

5. 自耦变压器的原理与使用。

6. 互感器的使用，二次绕组一端及铁芯必须接地；电压互感器的二次绕组不允许短路，电流互感器的二次绕组不允许开路。

实验 15　单相铁芯变压器特性的测试

1. 实验目的

① 通过测量，计算变压器的各项参数。

② 学会测绘变压器的空载特性与外特性。

2. 实验原理

① 图 6.13 为测试变压器参数的电路。由各仪表读得变压器原边（AX，低压侧）的 U_1、I_1、P_1 及副边（ax，高压侧）的 U_2、I_2，并用万用表 $R\times1$ 挡测出原、副绕组的电阻 R_1 和 R_2，即可算得变压器的以下各项参数值：

电压比 $K_U=\dfrac{U_1}{U_2}$，电流比 $K_I=\dfrac{I_2}{I_1}$；

原边阻抗 $Z_1=\dfrac{U_1}{I_1}$，副边阻抗 $Z_2=\dfrac{U_2}{I_2}$；

负载功率 $P_2=U_2 I_2 \cos\varphi_2$，功率因数 $\lambda=\dfrac{P_1}{U_1 I_1}$；原边线圈铜损 $P_{Cu1}=I_1^2 R_1$，副边铜损 $P_{Cu2}=I_2^2 R_2$。

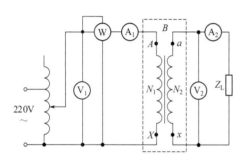

图 6.13　变压器参数测定的实验电路

② 铁芯变压器是一个非线性元件，铁芯中的磁感应强度 B 决定于外加电压的有效值 U。当副边开路（即空载）时，原边的励磁电流 I_{10} 与磁场强度 H 成正比。在变压器中，副边空载时，原边电压与电流的关系称为变压器的空载特性，这与铁芯的磁化曲线（B-H 曲线）是一致的。

空载实验通常是将高压侧开路，由低压侧通电进行测量，又因空载时功率因数很低，故测量功率时应采用低功率因数瓦特表。此外因变压器空载时阻抗很大，故电压表应接在电流表外侧。

③ 变压器外特性测试。

为了满足三组灯泡负载额定电压为 220V 的要求，故以变压器的低压（36V）绕组作为原边，220V 的高压绕组作为副边，即当作一台升压变压器使用。

在保持原边电压 U_1（=36V）不变时，逐次增加灯泡负载（每只灯为 15W），测定 U_1、U_2、I_1 和 I_2，即可绘出变压器的外特性，即负载特性曲线 $U_2=f(I_2)$。

3. 实验设备（表 6.2）

表 6.2　实验设备表

序号	名称	型号与规格	数量	备注
1	交流电压表	0～450V	2	D33
2	交流电流表	0～5A	2	D32
3	单相功率表	—	1	D34
4	试验变压器	220V/36V　50VA	1	屏内
5	自耦调压器	—	1	DG01
6	白炽灯	220V，15W	5	DG08

4. 实验内容

① 用交流法判别变压器绕组的同名端。

② 按图 6.13 线路接线。其中 ax 为变压器的低压绕组，AX 为变压器的高压绕组。即电源经屏内调压器接至低压绕组，高压绕组 220V 接 Z_L 即 15W 的灯组负载（3 只灯泡并联），经指导教师检查后方可进行实验。

③ 将调压器手柄置于输出电压为零的位置（逆时针旋到底），合上电源开关，并调节调压器，使其输出电压为 36V。令负载开路及逐次增加负载（最多亮 5 个灯泡），分别记下五个仪表的读数，记入自拟的数据表格，绘制变压器外特性曲线。实验完毕将调压器调回零位，断开电源。

当负载为 4 个及 5 个灯泡时，变压器已处于超载运行状态，很容易烧坏。因此，测试和记录应尽量快，总共不应超过 3 分钟。实验时，可先将 5 只灯泡并联安装好，断开控制每个灯泡的相应开关，通电且电压调至规定值后，再逐一打开各个灯的开关，并记录仪表读数。待开 5 灯的数据记录完毕后，立即用相应的开关断开各灯。

④ 将高压侧（副边）开路，确认调压器处在零位后，合上电源，调节调压器输出电压，使 U_1 从零逐次上升到 1.2 倍的额定电压（1.2×36V），分别记下各次测得的数据，记入自拟的数据表格，根据 U_1 和 I_{10} 绘制变压器的空载特性曲线。

5. 实验注意事项

① 本实验是将变压器作为升压变压器使用，并用调节调压器提供原边电压 U_1，故使用调压器时应首先调至零位，然后才可合上电源。此外，必须用电压表监视调压器的输出电压，防止被测变压器输出过高电压而损坏实验设备，且要注意安全，以防高压触电。

② 由负载实验转到空载实验时，要注意及时变更仪表量程。

③ 遇异常情况，应立即断开电源，待处理好故障后，再继续实验。

6. 预习思考题

① 为什么本实验将低压绕组作为原边进行通电实验？此时，在实验过程中应注意什么问题？

② 为什么变压器的励磁参数一定是在空载实验加额定电压的情况下求出？

7. 实验报告

① 根据实验内容，自拟数据表格，绘出变压器的外特性和空载特性曲线。

② 根据额定负载时测得的数据,计算变压器的各项参数。
③ 心得体会及其他。

实验 16　变压器的连接与测试

1. 实验目的

深入了解变压器的性能,学会灵活运用变压器。

2. 实验原理

一只变压器都有一个初级绕组和一个或多个次级绕组。如果一只变压器有多个次级绕组,那么,在某些情况下,通过改变变压器各绕组端子的连接方式,常可满足一些临时性的需求。

① 如图 6.14 所示的变压器,有两个 8.2V、0.5A 的次级绕组。现在,如果想得到一组稍低于 8V 的电压,用这只变压器(不能拆它)能实现吗?

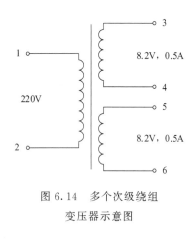

图 6.14　多个次级绕组变压器示意图

要降低(或升高)变压器次级绕组的输出电压,有三种方法:

a. 降低(或升高)初级输入电压——这需要用到调压器,还受到额定电压的限制。

b. 减少(或增加)次级绕组匝数。

c. 增加(或减少)初级绕组匝数。

后两种方法似乎都要拆变压器才能做到。但是,针对我们的问题,不拆变压器也能实现:只要把 15V 绕组串入初级绕组(注意同名端,应头尾相串),再接入 220V 电源,则变压器的另一个次级绕组的输出电压就会改变。

变压器初、次级绕组的每伏匝数基本上是相同的,设为 n,则该变压器原初级绕组的匝数为 $220n$ 匝,两个次级绕组的匝数分别为 $15n$ 和 $5n$。把一个次级绕组正串入初级绕组后,初级绕组就变成 $(220+15)n$ 匝。当变压器初级绕组的匝数改变时,由于变压器次级绕组的输出电压与初级绕组的匝数成反比,所以将 15V 绕组串入初级绕组后,5V 绕组的输出电压 U_{01} 就变为:

$$U_{01} = \frac{220n}{(220+8.2)n} \times 8.2 = 7.91(\text{V})$$

同理,如果把 15V 绕组反串入初级绕组,再接入 220V 电源,则 5V 绕组的输出电压就变为:

$$U_{02} = \frac{220n}{(220-8.2)n} \times 8.2 = 8.52(\text{V})$$

② 将此变压器的二个次级绕组首尾相串,就可以得到 $U_{03}=8.2+8.2=16.4(\text{V})$ 的次级输出电压。反之,如果将它的二个次级绕组反向串联,其输出电压就成为 $U_{04}=8.2-8.2=0(\text{V})$。

③ 还可以将 2 个或多个输出电压相同的次级绕组相并联（注意应同名端相并联），以获得较大的负载电流。本例中，如果将 2 个次级绕组同相并联，则其负载电流可增至 1A。

④ 在将一个变压器的各个绕组进行串、并联使用时，应注意以下几个问题：

a. 二个或多个次级绕组，即使输出电压不同，均可正向或反向串联使用，但串联后的绕组允许流过的电流应≤其中最小的额定电流值。

b. 二个或多个输出电压相同的绕组，可同相并联使用。并联后的负载电流可增加到并联前各绕组的额定电流之和，但不允许反相并联使用。

c. 输出电压不相同的绕组，绝对不允许并联使用，以免由于绕组内部产生环流而烧坏绕组。

d. 有多个抽头的绕组，一般只能取其中一组（任意两个端子）来与其他绕组串联或并联使用。并联使用时，该两端子间的电压应与被并绕组的电压相等。

e. 变压器的各绕组之间的串、并联都为临时性或应急性使用。长期性的应用仍应采用规范设计的变压器。

3. 实验设备（表 6.3）

表 6.3　实验设备表

序号	名称	型号与规格	数量	备注
1	交流电压表	0～500V	2	D33
2	实验变压器	220V/15V 0.3A,5V 0.3A	1	DG08

4. 实验内容

① 用交流法判别变压器各绕组的同名端。

② 将变压器的 1、2 两端接交流 220V，测量并记录二个次级绕组的输出电压。

③ 将 1、3 连通，2、4 两端接交流 220V，测量并记录 5、6 两端的电压。

④ 将 1、4 连通，2、3 两端接交流 220V，测量并记录 5、6 两端的电压。

⑤ 将 4、5 连通，1、2 两端接交流 220V，测量并记录 3、6 两端的电压。

⑥ 将 3、5 连通，1、2 两端接交流 220V，测量并记录 4、6 两端的电压。

⑦ 将 3、5 连通，4、6 连通，1、2 两端接交流 220V，测量并记录 3、4 两端的电压。

5. 实验注意事项

① 由于实验中用到 220V 交流电源，因此操作时应注意安全。做每个实验和测试之前，均应先将调压器的输出电压调为 0V，在接好连线和仪表，经检查无误后，再慢慢将调压器的输出电压调到 220V。测试、记录完毕后立即将调压器的输出电压调为 0V。

② 图 6.14 中，变压器两个次级绕组所标注的输出电压是在额定负载下的输出电压。本实验中所测得的各个次级绕组的电压实际上是空载电压，要比所标注的电压高。

③ 实验内容⑦中，必须确保 3、5（或 4、6）为同名端，否则会烧坏变压器。

6. 预习思考题

① 图 6.14 所示变压器的初级额定电流是多少（变压器效率以 85％计）？

② U_{o2} 的计算公式是如何得出的？

③ 将变压器的不同绕组串联使用时，要注意什么？

7. 实验报告

① 总结变压器几种连接方法及其使用条件。

② 心得体会及其他。

 习题

6-1 填空题

1. 奥斯特发现_____的周围存在磁场,它一般分_____产生的磁场和_____产生的磁场。

2. 磁感应强度 B 是描述磁场_____的物理量当通电导线与磁场方向垂直时,其大小为_____;磁感应强度 B 的单位为_____,用 T 表示。

3. 磁感应强度是个_____,它的方向是小磁针在该点静止时_____极的方向。

4. _____叫做穿过这个面的磁通。在匀强磁场中 B 是常数,有 $\Phi=BS$,磁通单位是_____。

5. _____、_____、_____、_____为描述磁场的四个主要物理量。

6. 感应电流的方向_____磁通的变化,叫作楞次定律。若线圈中磁通_____,感应电流的磁场方向与原磁场的方向相反;若线圈中磁通_____,感应电流的磁场方向与原磁场方向相同。

7. 变压器是一种能改变_____而保持_____不变的静止的电气设备。

8. 变压器的基本结构是_____和_____两大部分组成的。它们分别是变压器的_____系统和_____系统。

9. 变压器的铁芯,按其结构形式分为_____和_____两种。

10. 变压器的种类很多,按相数分为_____、_____变压器。

11. 所谓变压器的空载运行是指变压器的一次侧_____,二次侧_____的运行方式。

12. 变压器一次电动势和二次电动势之比等于_____和_____之比。

13. 自耦变压器的一次侧和二次侧既有_____的联系又有_____的联系。

6-2 判断题

1. 电流和磁场密不可分,磁场总是伴随着电流而存在,而电流永远被磁场所包围。(　　)
2. 电流与磁场的方向关系可用右手螺旋定则来判断,但不能用安培定则来判断。(　　)
3. 若磁场中各点的磁感应强度大小相同则该磁场为均匀磁场。(　　)
4. 感应电流产生的磁通方向总是与原来的磁通方向相反。(　　)
5. 线圈中只要有磁场存在,就必定会产生电磁感应现象。(　　)
6. 变压器不仅能改变电压、电流、阻抗,还可以改变频率和相位。(　　)
7. 变压器既能改变交流电压,也能改变直流电压。(　　)
8. 变压器的铁心采用相互绝缘的薄硅钢片是为了减小铁芯损耗。(　　)
9. 变压器高压绕组的匝数少,导线粗;低压绕组的匝数多,导线细。(　　)
10. 升压变压器的变压比大于1,降压变压器的变压比小于1。(　　)
11. 变压比为 K 的变压器,副绕组的负载阻抗折算到原绕组时,为其实际值的 K 倍。(　　)
12. 当变压器的输出电压和负载的功率因素不变时,输出电压与负载功率的关系,称为变压器的外特性。(　　)

13. 电流互感器在使用时允许副边开路。（　　）

6-3　选择题

1. 磁感强度的单位是特，1T 相当于（　　）
   A. 1牛/(安·米)　　　　B. 1千克/(安·秒^2)
   C. 1千克/(库·秒^2)　　D. 1千克·米^2/(安·秒^2)

2. 磁感应线上任一点的（　　）方向就是该点的磁场方向。
   A. 切线　　　　　　B. 直线　　　　　　C. 曲线

3. 通电指导体周围磁场的强弱与（　　）有关。
   A. 导体长度　　　B. 导体位置　　　C. 导体截面　　　D. 电流大小

4. 感应电动势大小与线圈中的（　　）
   A. 磁通对时间的变化率成正比　　　　B. 线圈线径大小有关。
   C. 磁场强度有关，磁场越强，电势就越高
   D. 线圈体积有关，线圈体积越大，电动势就越大

5. 一台单相 50Hz、220/110V 变压器，二次侧带有负载，若误将变压器一次侧接到 220V 直流电源上，则（　　）
   A. 一、二次侧电流都很大　　　　　B. 一次侧电流小，二次侧电流大
   C. 一次侧电流大，二次侧电流小（不为0）　D. 一次侧电流大，二次侧电流为0

6. 一台单相降压变压器的一次侧电压为 3000V，变比 K 为 15，则二次侧电压为（　　）。
   A. 4500V　　　　B. 200V　　　　C. 20V　　　　D. 45000V

7. 一台单相降压变压器的一次侧绕组匝数比二次侧绕组匝数（　　）。
   A. 多　　　　　B. 少　　　　　C. 一样多　　　　D. 不能确定

6-4　简答题

1. 变压器是根据什么原理工作的？它有哪些主要用途？
2. 变压器的主要组成部分是什么？各部分的作用是什么？
3. 变压器中的主磁通和漏磁通的性质和作用是什么？
4. 变压器能改变直流电压吗？如接上直流电压，会发生什么现象？
5. 题图 6.1 为变压器出厂前的"极性"试验原理图。在 AX 间加电压，将 X、x 相连，测 A、a 间的电压。设定电压比为 220V/110V，如果 A、a 为同名端，电压表读数是多少？如 A、a 为异名端，则电压表读数又应为多少？

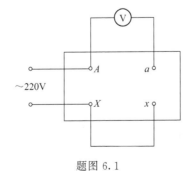

题图 6.1

6. 自耦变压器的主要特点是什么？它和普通双绕组变压器有何区别？

7. 仪用互感器运行时，为什么电流互感器二次绕组不允许开路，而电压互感器二次绕组不允许短路？

6-5 计算题

1. 有一匝数为 100 匝、电流是 40A 的交流接触器被烧坏，检修时只有允许电流为 25A 的较细导线，若条件允许，重绕的线圈应为多少匝？

2. 一台 220/36V 的变压器，已知 N_1 是 1100 匝，若在二次侧接一盏 36V、100W 的白炽灯，那么一次电流为多少？

3. 阻抗为 8Ω 的扬声器，通过一台变压器接到信号源电路上，使阻抗完全匹配，设变压器一次线圈匝数 N_1 为 500 匝，二次线圈匝数 N_2 为 100 匝，求变压器一次侧输入阻抗。

4. 有一台单相变压器 $U_1=380$V，$I_1=0.368$A，$N_1=1000$ 匝，$N_2=100$ 匝，试求变压器二次绕组的输出电压 U_2，输出电流 I_2，电压比 K_U，电流比 K_I。

习题答案（部分）

第1章

1-1 填空题

1. 电路；2. 理想器件；3. 电路模型；4. 电路模型；5. 正电荷；6. 参考方向；7. 电位差；8. 电流参考方向与电压降的选择一致；9. 吸收功率；产生功率；10. 任意选取；任意选取；11. 一条支路；支路电压；支路电流；12. 节点，回路；13. 代数和；14. 支路电流；15. 电压降；16. 线性；17. 原点；18. 线性电阻；非线性电阻；19. 电源；20. 串联；并联；21. 分压；分流；

1-2 选择题

1. A 2. B 3. C 4. C 5. B 6. B

1-3 简答题

1. 根据串联电阻可以分压的原理，先算出该电阻正常工作时的电压值和电流值，根据 $P=I^2R$ 可得出 $I=1A$，再根据欧姆定律求出 $U_1=1\times 100=100V$，因此可得 R 上分压为 $120-100=20V$ $R=20\div 1=20\Omega$ 可见至少要串入 20Ω 的电阻才能使该电阻正常工作。

2. 两个灯泡的额定电压相同，但它们的额定功率不相同，因此可知它们的额定电流不同，如果串联后接到220V电源上使用，串联电阻通过的电流相同，但分配到各灯上的电压与其阻值成正比，电功率大的灯泡由于电阻小分压少，功率小的灯泡因电阻较大则分压多，所以100W灯泡因分压少而不能正常工作，40W灯泡因分压多会烧坏。结论：不能把它们串联后接到220V的电源上使用。

1-4 计算题

1. $I_2=-7mA$ $I_3=5mA$ $I_6=18mA$

2. (1) $V_A=20V$ (2) $V_A=-12V$

3. $P=28.8W$

4. $P_{U_S}=0$ $P_{I_{S1}}=60W$（电源） $P_{I_{S2}}=40W$（电源）

5. (a) 7Ω；(b) 5Ω；(c) 0.3Ω；(d) 0.75Ω

7. A_4 电流表读数为13毫安；A_5 电流表读数为3毫安；

8. $I=0.75\text{A}$；$U=-1.75\text{V}$
9. ① 100V；② 66.7V；③ 99.5V；
10. $R_3=40\Omega$
11. S 打开时：$V_B=7.5\text{V}$；$V_A=10.5\text{V}$
    S 闭合时：$V_B=1.6\text{V}$；$V_A=0\text{V}$

第 2 章

2-1 简答题（答案略）

2-2 选择题

1. A   2. C   3. D   4. A   5. D   6. B   7. B   8. A

2-3 计算题

1. （a）7Ω   （b）5Ω
2. $i=1.5\text{A}$
3. $I_1=-0.42\text{A}$，$I_2=1.08\text{A}$
4. 4A
5. $U_{AB}=1\text{V}$ $I=-1\text{A}$
6. $U=-4.5\text{V}$
7. (1) $U_{oc}=1\text{V}$ $R_0=2.5\Omega$ (2) $R_L=R_0=2.5\Omega$ 时能获得最大功率 $P_{\max}=0.1\text{W}$
8. 0.2A
10. $I_1=3.5\text{A}$ $I_2=0.5\text{A}$ $I_3=2.5\text{A}$ $I_4=2\text{A}$
11. $U_S=-1\text{V}$

第 3 章

3-1 填空题

1. 方向   2. 正弦   3. $E_m\sin(\omega t+\psi_e)\text{V}$；$I_m\sin(\omega t+\psi_i)\text{A}$ 4. 一个周期 T
5. 最大值；频率；初相位   6. 50Hz；20ms   7. $220\sqrt{2}$；220；314；$\pi/3$
8. $-120°$；i_2；i_1 9. $20\sqrt{2}\text{A}$；0A   10. $5\sqrt{2}\text{V}$ 11. 5A
12. $220\sqrt{2}\text{V}$；220V；314rad/s；$314t+60°$；60°
13. 有效值（或最大值）；初相位   14. 任一回路；相量的代数和   15. $U\angle-\psi_u$
16. 相量；电流   17. 同相   18. 110V；2   19. 超前；$2\pi fL$；Ω
20. 为原来的一半   21. 4；0.0127H   22. 滞后；$\dfrac{1}{\omega C}$ 23. 2Ω；0.00159F
24. 增大

3-2 选择题

1. B   2. B   3. B   4. B   5. C   6. C   7. C   8. A   9. B
10. C   11. B   12. B   13. C   14. B   15. C   16. B   17. B   18. C
19. C   20. A

3-3 判断题

1. √   2. ×   3. ×   4. √   5. ×   6. √   7. ×   8. ×   9. ×   10. ×

3-4 简答题

1. 为保证电气设备安全经济运行，厂家对电气设备的工作电压．电流．功率等所规定的正常工作值。

2. 交流电随时间变化的峰值（即最大的数值）。

3. 当交流电通过某电阻负载时，如果与某直流电在相同的时间内，通过相同的电阻所产生的热量相等，那么这个直流电的大小称该交流电的有效值。

4. （1）变化的瞬时性，交流电的大小和方向随时间变化而变化；（2）变化的规律性，正弦交流电包括电压、电流、电动势都是按正弦规律而变化的；（3）变化的周期性，当转子旋转一周即360°时，产生一周期的正弦波形。

5. 日光灯是利用镇流器的自感电动势产生瞬间高电压点燃灯管的。当将日光灯开关合上后，灯管两端与起辉器相连，电压为220V，这个电压不能使管内气体导通，这时起辉器首先闭合，使镇流器和灯丝通过电流，灯管开始预热，片刻，由于起辉器的双金属片突然自动断开，就在此瞬间镇流器中线圈产生很高的自感电动势和电源电压一起加在灯管两端，使管内气体导通而发光。

3-5 计算题

1. $f=50\text{Hz}$；$\psi=\dfrac{\pi}{4}$；$I_m=10\text{A}$；$i=10\sin\left(314t+\dfrac{\pi}{4}\right)\text{A}$

2. 若 $\psi_u=0°$，则 $u=317\sin\omega t\text{ V}$，$i_1=10\sin(\omega t+115°)\text{A}$，$i_2=4\sin(\omega t-130°)\text{A}$

3. 能 （a）相等；（b）$U_2=\dfrac{1}{\sqrt{2}}U_{2m}$；（c）$U_3=\dfrac{1}{\sqrt{2}}U_{3m}$　　4. $\dot{E}=220\angle-\dfrac{\pi}{2}\text{ V}$

5. $5\angle 30°\text{ A}$；$10\angle 60°\text{ A}$；

6. $\dot{U}_1=110\sqrt{2}\text{ V}$；$\dot{U}_2=110\sqrt{2}\angle 120°\text{ V}$；$\dot{U}_3=110\sqrt{2}\angle-120°\text{ V}$

    $\dot{U}_1+\dot{U}_2+\dot{U}_3=0$；$u_1+u_2+u_3=0$

第4章

4-1 填空题

1. 相同、120°　2. 相电压　3. 线电压　4. 三相四线制　5. 三相三线制

6. 220V、380V　7. $\sqrt{3}$、超前30°　8. 相等　9. 相等

10. $\sqrt{3}$、滞后30°　11. 2A、$2\sqrt{3}$A　12. $380\sin(\omega t-30°)\text{V}$

13. 220V、380V　14. 相电压、相电流

4-2 选择题

1. A　2. B　3. C　4. A　5. B　6. B　7. A　8. A

4-3 计算题

1. $u_{ab}+u_{bc}+u_{ac}=0$；$u_{ab}=380\sqrt{2}\sin(\omega t+130°)$；$u_{bc}=380\sqrt{2}\sin(\omega t+10°)$

2. 星形连接：$I=11\text{A}$　$P=4343.9\text{W}$；三角形连接：$I=33\text{A}$　$P=12996\text{W}$

第5章

5-1 简答题

1. 不是，只有存在储能元件（电感或电容）的电路发生换路时才会产生过渡过程。

2. 如果换路前储能元件（电感或电容）没有储能，则在 $t=0_-$ 和 $t=0_+$ 时刻电路中，可将电容元件看作短路，电感元件看作开路；如果换路前储能元件有储能，且电路已达到稳态，则在 $t=0_-$ 时刻，电容可看作开路，电感可看作短路；在 $t=0_+$ 时刻，电容可看作大小在 $u_C(0_+)$ 的电压源，电感可看作大小为 $i_L(0_+)$ 的电流源。

3. 只有 u_C 和 i_L 的初始值用 $f(0_+)$

4. 电容的放电时间取决于实践常数 τ，与 u_C 的初始值无关。

5. 初始值 $i_L(0_+)=12\text{A}$，稳态值 $i_L(\infty)=10\text{A}$，时间常数 $\tau=0.01\text{s}$

5-2　计算题

1. $i_1(0_+)=0$，$i_2(0_+)=1.5\text{A}$，$i_C(0_+)=-1.5\text{A}$
2. $u_C(t)=20(1-e^{-0.25t})$ V
3. $u_C(t)=4e^{-0.25t}+4$ V
4. $u_C(t)=220(1-e^{-5000t})$ V；$u_R(t)=220e^{-5000t}$ V；$i(t)=220e^{-5000t}$ A
5. $i(t)=1.67+0.58e^{-3t}$ A；$u_L(t)=3.51e^{-3t}$ V
6. $i_1(t)=e^{-20t}$ A；$i_2(t)=i_3(t)=0.5e^{-20t}$ A

第6章

6-1　填空题

1. 电流；通电直导体；载流螺线管　2. 磁场强弱；BF/IL；特斯拉
3. 矢量；N　4. 磁感应强度 B 与其垂直的某一界面 S 的乘积；韦伯
5. 磁感应强度 B；磁通 Φ；磁导率 μ；磁场强度 H
6. 总是使感应电流的磁场阻碍引起感应电流的；增加时；减少时
7. 交流电压；频率　8. 铁芯；绕组；磁路；电路
9. 芯式；壳式　10. 单相；三相　11. 接额定交流电源；开路
12. 一次侧匝数；二次侧匝数　13. 磁；电

6-2　判断题

1. √　　2. ×　　3. ×　　4. ×　　5. ×　　6. ×　　7. ×　　8. √　　9. ×
10. ×　　11. ×　　12. ×　　13. ×

6-3　选择题

1. A　　2. A　　3. D　　4. A　　5. D　　6. B　　7. A

6-4　简答题

1. 变压器是根据电磁感应原理工作的，它主要有变压、变流、变换阻抗的作用。可作为电力变压器、仪用互感器、电子线路中的电源变压器等。

2. 变压器的主要组成部分是铁芯和绕组。铁芯是变压器的磁路，绕组是变压器的电路。

3. 交变磁通绝大部分沿铁芯闭合，且与一、二次绕组同时交链，这部分磁通称为主磁通 $\dot{\Phi}$；另有很少一部分磁通只与一次绕组交链，且主要经非磁性材料而闭合，称为一次绕组的漏磁通 $\dot{\Phi}_{\sigma 1}$。根据电磁感应定律，主磁通中在一、二次绕组中分别产生感应电动势 $\dot{E}_1$ 和 $\dot{E}_2$；漏磁通 $\dot{\Phi}_{\sigma 1}$ 只在一次绕组中产生感应电动势 $\dot{E}_{\sigma 1}$，称为漏磁感应电动势。二次绕组电动势 $\dot{E}_2$ 对负载而言即为电源电动势，其空载电压为 $\dot{U}_{20}$。

4. 变压器不能改变直流电压。变压器如接上直流电压，会使绕组过热而烧毁。因为绕组的直流阻抗很小,当加上直流电时,会产生很大的电流而使绕组过热而烧毁。

5. A、a 为同名端,电压表读数是 110V。A、a 为异名端电压表读数是 330V。

6. 自耦变压器的主要特点是一、二次绕组共用一个绕组。普通双绕组变压器一、二次绕组是两个独立的绕组,它们之间只有磁的联系,而没有电的直接联系。

7. 电流互感器运行时二次绕组绝不许开路。若二次绕组开路,则电流互感器成为空载运行状态,此时一次绕组中流过的大电流全部成为励磁电流,铁芯中的磁通密度猛增,磁路产生严重饱和,一方面铁芯过热而烧坏绕组绝缘,另一方面二次绕组中因匝数很多,将感应产生很高的电压,可能将绝缘击穿,危及二次绕组中的仪表及操作人员的安全。为此电流互感器的二次绕组电路中绝不允许装熔断器。在运行中若要拆下电流表应先将二次绕组短路。电压互感器在运行时二次绕组绝不允许短路否则短路电流很大,会将互感器烧坏。为此在电压互感器二次侧电路中应串联熔断器作短路保护。

6-5 计算题

1. 160 匝 2. 0.455A 3. 200Ω

二次绕组的输出电压:$U_2 = (N_2/N_1) \times U_1 = 100/1000 \times 380 = 38V$

输出电流:$I_2 = (I_1 \times N_1)/N_2 = (0.368 \times 1000)/100 = 3.68A$

电压比:$K = U_1/U_2 = 380/38 = 10$ 电流比:$K = I_2/I_1 = 3.68/0.368 = 10$

附　录
电阻器的标称值及精度色环标志法

色环标志法是用不同颜色的色环在电阻器表面标称阻值和允许偏差。

① 两位有效数字的色环标志法。普通电阻器用四条色环表示标称阻值和允许偏差，其中三条表示阻值，一条表示偏差，如附图1所示。

② 三位有效数字的色环标志法。精密电阻器用五条色环表示标称阻值和允许偏差，如附图2所示。

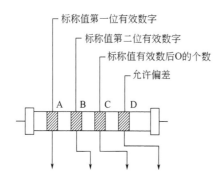

附图1　普通电阻器色环表示

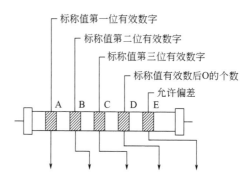

附图2　精密电阻器色环表示

附表1　普通电阻器色环标称值表示

颜色	第一有效数	第二有效数	倍率	允许偏差
黑	0	0	10^0	—
棕	1	1	10^1	—
红	2	2	10^2	—
橙	3	3	10^3	—
黄	4	4	10^4	—
绿	5	5	10^5	—
蓝	6	6	10^6	—
紫	7	7	10^7	—

续表

颜色	第一有效数	第二有效数	倍率	允许偏差
灰	8	8	10^8	—
白	9	9	10^9	+50% -20%
金	—	—	10^{-1}	±5%
银	—	—	10^{-2}	±10%
无色	—	—		±20%

附表 2　精密电阻器色环标称值表示

颜色	第一有效数	第二有效数	第三有效数	倍率	允许偏差
黑	0	0	0	10^0	—
棕	1	1	1	10^1	±1%
红	2	2	2	10^2	±2%
橙	3	3	3	10^3	—
黄	4	4	4	10^4	—
绿	5	5	5	10^5	±0.5%
蓝	6	6	6	10^6	±0.25%
紫	7	7	7	10^7	±0.1%
灰	8	8	8	10^8	
白	9	9	9	10^9	
金	—	—	—	10^{-1}	
银	—	—	—	10^{-2}	

示例：

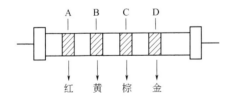 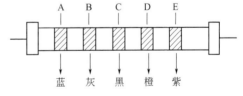

如：色环　A—红色；B—黄色
　　　　C—棕色；D—金色
则该电阻标称值及精度为：
$24 \times 10^1 = 240 \Omega$　精度：±5%

如：色环　A—蓝色；B—灰色；C—黑色
　　　　D—橙色；E—紫色
则该电阻标称值及精度为：
$680 \times 10^3 = 680 \text{k}\Omega$　精度：±0.1%

参 考 文 献

[1] 邱关源. 电路. 第5版. 北京：高等教育出版社，2015.
[2] 李瀚荪. 电路分析基础. 第4版. 北京：高等教育出版社，2013.
[3] 秦曾煌. 电工技术. 第4版. 北京：高等教育出版社，2010.
[4] 胡翔骏. 电路基础. 第2版. 北京：高等教育出版社，2010.
[5] 李树燕. 电路基础. 第2版. 北京：高等教育出版社，2009.
[6] 曾令琴. 电路分析基础. 第4版. 北京：人民邮电出版社，2017.
[7] 王慧玲. 电路基础. 第4版. 北京：高等教育出版社，2019.